森好·南京

四季知味

The taste of Nanjing

阿梁 著绘

南京出版传媒集团
南京出版社

图书在版编目（CIP）数据

四季知味 / 阿槑著绘. -- 南京 ： 南京出版社，
2016.9
（槑好南京）
ISBN 978-7-5533-1523-2

Ⅰ．①四… Ⅱ．①阿… Ⅲ．①饮食－文化－南京－通俗读物 Ⅳ．①TS971.202.531-49

中国版本图书馆CIP数据核字(2016)第222902号

书　　名：四季知味
作　　者：阿　槑
出版发行：南京出版传媒集团
　　　　　南 京 出 版 社
社址：南京市太平门街53号　　　　邮编：210016
网址：http://www.njcbs.cn　　　电子信箱：njcbs1988@163.com
淘宝网店：http://njpress.taobao.com　　天猫网店：http://njcbcmjtts.tmall.com
联系电话：025-83283893、83283864（营销）　025-83112257（编务）

出 版 人：朱同芳
出 品 人：卢海鸣
责任编辑：董　政
　　　　　朱天乐
装帧设计：阿　槑
责任印制：杨福彬

排　　版：南京新华丰制版有限公司
印　　刷：南京顺和印刷有限责任公司
开　　本：700 毫米×1000 毫米　1/16
印　　张：10.5
字　　数：300 千字
版　　次：2016 年 10 月第 1 版
印　　次：2021 年 1 月第 4 次印刷
书　　号：ISBN 978-7-5533-1523-2
定　　价：39.00 元

淘宝网店

天猫网店

舌尖上的所有味蕾都是记忆的储藏室
满满地收纳起六朝古都四季的点滴美味

序言

闲话阿槑

十年前，南京荧屏上刚刚出现我的方言节目《听我韶韶》时，片头就是一个秃头秃脑、呆头呆脑还满嘴络腮胡子的老吴形象，跌跌撞撞从中华门里跑出来，然后公交车从我脑门上呼啸而过——这就是本书作者金立峰为我设计的第一个动漫形象，也是至今我认为设计最好、且为广告商广泛运用最多的一个头像。尽管我的妻子不大喜欢这个形象，说把我头发画得太稀太少、人画得太土太老，而且就这个倒霉样子怎么还一出门就给汽车轧了？所以她多次叫我到电视台去把这个形象换掉，最好画得像刘德华、胡歌那样英俊潇洒的才好。但我尊重作者原创，一直没去电视台抗议，任它沿用至今。并且这个形象后来连同我的商标被许多人注册，且转手卖了数十倍的好价钱。我也始终没向金立峰先生提及这个小小的插曲。

我觉得，他的漫画真的很好。线条粗犷，重在神似。那个呆头呆脑的形象，颇有几分"南京大萝卜"的神韵，符合南京人宽厚、善良且略带几分粗鲁刚烈的气质，准确说，入木三分，画到我骨子里去了（有点儿王婆卖瓜，自卖自夸的意思了）。认可漫画，这便认识了漫画作者本人金立峰，一个小我20岁的年轻人。如果说我是老南京，他就是一个小南京了。七〇后人，从小生活在老城南，只不过我是老门东，他是老门西。他说他打小喜欢南京，每天路过上浮桥去升州路小学读书，弓箭坊的市井叫卖声，不绝于耳；彩霞街的酒酿小担，清脆的竹梆回味悠长……放学了，和同学在深街小巷里躲猫猫，柳叶街头的斑驳夕照，秦淮河上的微微熏风，都让他陶醉不已！2000年，南京城大拆大建，看着一片片他熟悉的老宅民居不断消失，他的心像猫抓一样。他觉得他应该为生他养他的家乡做点什么，为渐行渐远的老城南留下点往日的印象。于是，他举起手中的相机，争分夺秒地拍摄那些即将消逝的景物，他用他最熟悉的艺术方式——漫画，重新还原老城南渐行渐远的风土人情。

用情十年，珠胎暗结。2010年，他用照相机，留下了近千张拆迁老宅的图片；也用他的生花妙笔，创作出了阿槑的艺术形象。他以阿槑为主人公，制作了几十个动画短片和上千幅动漫插画，渐次在国内、国际画展上亮相，连续两年获得南京"金梧桐"文化创意大奖。阿槑也通过了南京重点文化项目的评审，阿槑荣获新浪江苏幸福大使。所以，今天他就以阿槑为串联，创作了这套《槑好南京》。

朱自清说过，逛南京城就像逛古董铺子，俯拾皆是时代痕迹。打开金立峰的《槑好南京》，就像一头钻进老城南的寻常巷陌，夫子庙的秦淮小吃，水西门的盐水鸭，莲子营的糖粥藕……琳琅满目，四季知味。假如你吃饱喝足，还想知道一下这些美味的历史，那你就翻开书页，继续沿着尚未拆迁完毕的残墙破瓦走进去，他会告诉你，白鹭洲名字的由来，总统府那只不系舟为何没有漂走，中山陵的美龄宫为什么像水滴吊坠，徐达后花园里那神奇的一笔"虎"字又是哪个人的大手笔……如果你逛上兴来，继续在时光隧道徜徉，那老南京的正月初二回娘家、正月初三老鼠娶亲、正月十八才落灯……这些千百年的风俗像一幅幅慢慢展开的历史文化长卷，上面印满时光足迹：你会知道，为什么南京人正月里头不剃头，为什么二月八就冻死老母鸭；你会吃惊地发现，我们的老祖宗，几百年前就懂得现代养生之道，"南京人，不学好，一口白米一口草"……于是你在恍惚中，觉得面前打开的不是一本书，而是一桌美轮美奂的街巷小吃，咀嚼美味时，分明又品尝了历史的味道，在回味中你又惊喜地发现，这就是你成长的深厚土壤，是裹挟你一辈子的乡风乡俗！

这么厚重的一套书，金立峰居然相中了我，请我帮他写个序。代人写序本就是件难事，好比出差，不晓得是男是女，头大头小，人家就托你帮忙买顶帽子；更难的是，这本书开头的第一个字："槑"，就难倒了我。这两个呆呵呵并肩而立的呆子是个什么字？二呆，还是二胡？幸好金兄并非有意为难我，告诉我读"Méi"，他创造的这个阿槑就是一个和他同龄的南京70后、80后的缩影，一个城南长大的孩子。可我看这个呆呵呵的大头宝宝，怎么看怎么像画他自己。而且这个"槑"字到底是什么意思啊？偷偷去网上查一查，原来就是梅花的"梅"字古体。哦，我明白了，因为南京的市花就是梅花，所以金兄选了这么生僻的一个古字，显得很有学问，也还说得过去。可是，汉字讲究象形，毕竟是两个呆子站一起，还勾肩搭背的，成何体统？我疑视着这个"槑"字，脑海里滑稽地浮出"两个呆子鸣翠柳，一行白鹭上青天"的诗句来，不伦不类，还有些尴尬；再回过味来想一想，白鹭洲畔两个痴迷于南京文化的呆子并肩而立，一老一小，或苦思冥想，或仰天浩叹——咦，这个字倒真有几分像我和他的形状嘛。

吴晓平

2016年8月31日

目 录

春的味道

夏的味道

秋的味道

冬的味道

春

的

味

道

新年里的美味

【八宝饭】

甜甜蜜蜜

大年初一，南京人不兴早起，讲究一觉睡到自然醒，这叫作"元宝觉"。新年的第一顿早饭非常非常重要，这关系到一年的幸福。要想一家人日子过得幸福甜蜜，必须要吃八宝饭。

传统的八宝饭就是在蒸熟的糯米上放入八样干果，摆成漂亮的花式。这八样干果的选择很有讲究，每种都有着不同的吉祥寓意。

软软黏黏的糯米上嵌着各种果仁蜜饯、红丝绿丝，糯米饭里拌着被荤油浸过的豆沙馅，吃上一口，从嘴里一直甜到心里。大年初一的早晨，阳光暖融融地照进堂屋，阿祟一家人一起吃着香甜的八宝饭，今年一切都会幸福甜蜜！

莲子·百年好合

金桔·吉利

蜜樱桃·甜甜蜜蜜

瓜子·平安无灾

红枣·早生贵子

薏仁米·长寿

桂圆·团圆

绿梅丝·长寿

红梅丝·一帆风顺

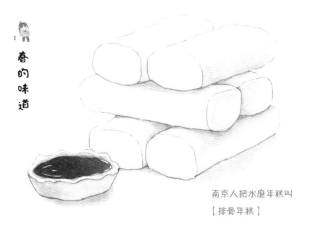

南京人把水磨年糕叫
【排骨年糕】

新年年糕【年年高】

过年必吃年糕，不仅是讨口彩，还因为年糕这东西解腻，在过年期间吃腻了大鱼大肉，来一碗煮年糕片或炒年糕，嚼在嘴里咯吱咯吱的响，QQ的很有劲道，真的别有一番风味。

南京人吃年糕，就像吃面条一样，用不同的浇头，想着不同的花样吃。南京人用来炒菜吃的是水磨年糕。猍妈会把水磨年糕切片下油锅，配上瘦肉丝与雪里蕻、冬笋丝，做成雪菜冬笋肉丝炒年糕。无须其他菜，只这一样上桌就被大家一扫而空。

桂花猪油年糕算是江南年糕的代表，它是甜的。奶奶会在煮饭时把一整块猪油年糕放进蒸饭锅，和着饭一起蒸熟，谁要吃就切一块，吃到嘴里甜丝丝、黏糊糊、软绵绵的。

青菜肉丝下年糕

奶奶还有一样绝活——油炸云片糕。小时候，很多人拜年都会送云片糕，寓意步步高升。奶奶就创意地把原本绵软的云片糕放在油锅里炸一下，香脆可口的油炸云片糕就做好了。这是爷爷的专属下酒小菜，也是阿猍的饭前开胃点心。

桂花猪油年糕

百搭的【咸货】

南京人过年最爱腌咸货，古时就有"小雪腌菜，大雪腌肉"的习俗。过年期间，各类咸货轮番上阵，香肠、小肚、风鸡、咸鸭、咸鹅、咸鱼、咸肉、咸猪头、腌肚子、腌牛舌、腌猪蹄纷纷现世，涌上了各家的餐桌。

过年期间"不动刀，不杀生"是惯例，再加上咸货吃太多，也吃腻味了，大家都不想吃，但扔了又太可惜。槑妈想尽一切办法，变着法子和花样让一家人能吃出新鲜味。于是一场消灭过年咸货剩菜的运动就如火如荼地展开了。

在咸货当道之余，阿槑和老爸偶尔也想换个口味，槑妈也会调剂一些时令小菜，如刚掳出来的韭菜黄、温室里的蒜苗、冬笋等配合着肉丝做小炒。

【大杂烩】

过年的菜烧得多，剩个一星半点的不舍得扔，槑妈就会把它们集合起来，做成大杂烩，汇集了各种"山珍海味"，百吃不厌。

【糯米咸鹅丁】

槑妈总会装在饭盒里，给老爸带到厂里做午饭。

【菜饭】

阿槑最爱的冬日美食之一，家里吃菜饭都得靠抢，新鲜的青菜配上入味的香肠，蔬菜香、米香、肉香，三者搭配在一起只有两个字形容：绝配。

【紫菜苔炒咸肉】

到正月底，紫菜苔上市，这道菜才能上桌。

5

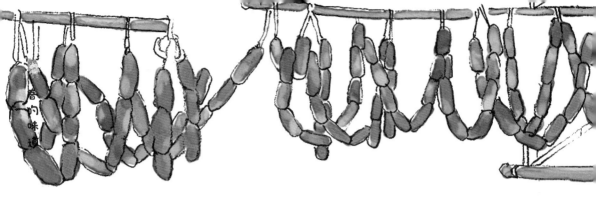

过年，槑妈总会准备一大堆零食放在家里，将八仙桌上堆得满满的，什么柿饼、欢喜团、云片糕、蜜枣、桃酥、交切片、花生酥、芝麻酥、寸金糖、牛皮糖、排叉、蜜三刀、高粱饴、果丹皮、山楂片、山楂条、加应子等等，一应俱全。老南京人好客，宁可亏了自己也不能慢待了亲朋好友，虽然最后都便宜了阿槑这个小馋鬼。

【零食】来袭

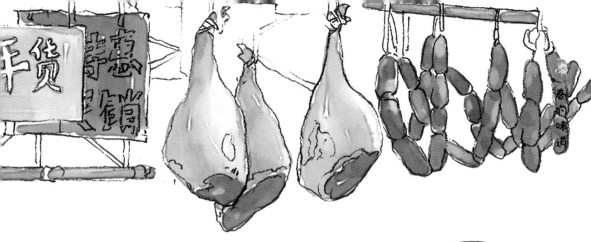

南京人家里都会有个食盒，九格、六格的都有，里面会装上各种只有在过年才会舍得买的坚果、糖果、小糕点等。里面最多的就是葵花子、奶油瓜子，还有一种话梅瓜子，吃完手上都黏糊糊的。桂圆干荔枝干也是小孩爱吃的抢手货，但是大人总说不能多吃，吃多了会流鼻血。

糖果是小孩的最爱，大白兔、金丝猴奶糖、蓝白花生牛乳糖，还有金币金元宝巧克力，最特殊的是酒心巧克力，酒瓶的形状，上面还贴有竹叶青、茅台、西凤等各种名酒标签，但其实吃起来一个味儿。

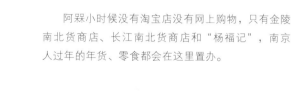

阿槑小时候没有淘宝店没有网上购物，只有金陵南北货商店、长江南北货商店和"杨福记"，南京人过年的年货、零食都会在这里置办。

酒心巧克力

夫子庙的小吃

外地的亲戚朋友来南京，爷爷带他们首先去的就是夫子庙。除了领略一下十里秦淮浓厚的人文情怀，最重要的还是要带客人尝尝秦淮的特色小吃。

说到夫子庙小吃，首先要提的就是"秦淮八绝"，这"八绝"不是指八道菜，而是七家餐馆茶楼出名的十六样小吃。这七家店多是从民国时期就有了，制作的小吃茶点各具特色，精巧美味，所以被称为"秦淮八绝"。

秦淮小吃有【八绝】

小贴士

魁光阁的五香茶叶蛋、五香豆
永和园的蟹壳黄烧饼、开洋干丝
奇芳阁的鸭油酥烧饼、麻油干丝
什锦菜包、鸡丝面
六凤居的葱油饼、豆腐脑
蒋有记的牛肉锅贴、牛肉汤
瞻园面馆的小笼包饺、爆鱼面
莲湖糕团店的五色小糕、桂花夹心小元宵

魁光阁

五香茶叶蛋、五香豆

五香茶叶蛋

五香豆

爷 爷告诉阿籴，魁光阁是乾隆年间营业的一家清真茶馆。本来是以品正宗雨花茶为业，结果出名的却变成了茶点五香蛋和五香豆，并且拥有了"绝代双娇"的美誉。

五香豆又叫状元豆，相传乾隆年间，南京有个秦大士家境贫寒，但读书勤奋，其母就做五香豆给他在晚上读书时候吃，结果秦大士高中状元，于是这五香豆就成了"状元豆"，号称"吃了状元豆，好中状元郎"。魁光阁的五香豆色泽是紫檀色，香气浓郁，有弹性。小时候，奶奶都用蚕豆做成五香豆给阿籴吃，希望阿籴能考个好成绩。后来不知为何，都用黄豆去做五香豆了。

魁光阁的五香蛋也不同于我们在早点摊买的那种，这里的五香蛋要选"头生蛋"，稍微煮熟后，剥去蛋壳，再划上几刀，配上茶叶等各种香料浸煮，一定要当天煮好，第二天再回炉，这样香味才能浸入蛋心，鲜美滑嫩。

永和园 蟹壳黄烧饼、开洋干丝

永和园前身叫雪园，1901 年就开在夫子庙，易主后改名永和园，寓意"永远和气生财"。永和园最有名的就是开洋干丝和蟹壳黄烧饼，而且梅兰芳、侯宝林、朱自清等各位大神都说这味道"恩正"（很好）。干丝和烧饼算是南京大众化的美食，所以要在大众化里脱颖而出绝非易事，但夫子庙的永和园却闯出了一番名堂。

开洋干丝

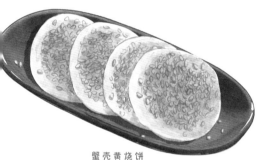

蟹壳黄烧饼

从干丝来说，扬州是煮干丝，而南京是"烫"干丝，因为南京的干丝切得更细更薄，只要开水浸烫就能入食。永和园的开洋干丝，特点在于豆腐干、酱油的特殊性。豆腐干要嫩，切的丝要细而不断，牛掰的师傅能让干丝穿针而过。放的麻油要够香，调味的酱油一定要选"三伏抽秋"牌。没有其他的佐料，全靠干丝口感"撑全场"。

"蟹壳黄"是南京最叫座的咸口烧饼，就和它的名字一样，形状和颜色都像煮熟的螃蟹，金灿灿的。槑妈总想学，可惜做法太难，从选面、加碱、揉面打面的力度、选油、选葱、翻面时间、芝麻洒的密度等都是考究的地方，所以，最后槑妈犯了懒，想吃了就打发阿槑去永和园买点回来解馋。

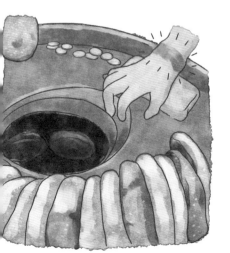

蟹壳黄烧饼
手腕烫伤叫"戴手镯"，说明技术不到家，在烧饼界是很难为情的事情。

11

奇芳阁

鸭油酥烧饼、麻油干丝、什锦菜包、鸡丝面

奇芳阁是清真菜馆，在清末就有了，16样秦淮小吃他家就占了4样，可见厨师的功底。奇芳阁是很多名流爱去的地方，国画大师傅抱石、作家张恨水都经常光临。

阿呆最爱他家的什锦菜包，老南京人都称这包子为"翡翠"，可见这包子的独特。这什锦菜包的馅儿都是时令的蔬菜（青菜和菠菜），再加入木耳、芝麻屑、豆腐干、面筋等辅料，滴入麻油，一笼上桌，鲜香扑鼻。

什锦菜包

南京人爱吃鸭众所周知，所以把鸭子的各个内容都物尽其用，包括鸭油。奇芳阁的鸭油酥烧饼颜色没有"蟹壳黄"的闪眼，却透着一股小清新的即视感。

秦淮小吃里奇芳阁和永和园都有"干丝"入选，不同的是，永和园是属于南京的"烫干丝"，而奇芳阁是类似于扬州的"煮干丝"，干丝较永和园的更饱满，高汤选的是原汁的鸡汤，加上佐料，文火卤煮。两种不同风格的干丝，你会喜欢哪一个呢？

鸡丝面

鸭油酥烧饼

六凤居 葱油饼、豆腐脑

葱油饼

豆腐脑

六凤居于1917年在夫子庙扎了根，靠着葱油饼和豆腐脑两样美食名扬全国。

六凤居的葱油饼虽然是从油锅里游过的，但入嘴一点也不油腻，反而更加酥、脆、香。至于为什么仅用葱、面粉、猪油制成的薄饼能够产生如此大的变化，六凤居有着自己的秘诀，阿粿也无法探究。

六凤居的豆腐脑选用的是极嫩的豆腐，在秘制汤中充分浸润。最重要的是酱油，放多放少都会影响口感。同样重要的还有辣椒，这不是普通的辣椒油、辣椒酱，而是自家腌制的红椒，最后撒上咸虾米、榨菜粒和红萝卜丁，好吃还好看。

南京人吃东西有个习惯，就是"干湿搭配"，所以酥脆的葱油饼配上滑嫩的豆腐脑，绝对是吃货的早餐经典款，这也是阿粿和老南京人早餐的标配。现在，六凤居开在南京老门东内，阿粿不时地会去回味一下童年的味道。

蒋有记

牛肉汤 牛肉锅贴

牛肉汤

牛肉锅贴

蒋 有记是南京知名的清真馆，一系列和牛肉有关的料理都很出名，其中牛肉锅贴、牛肉汤在秦淮八绝里成功竞争上岗。

蒋家的牛肉锅贴个大，馅儿多。用经过挑选的菜籽油煎炸，吃法和南京的小笼包一样，得咬个口，慢慢将汤汁吸出，不然要是猛一咬，不仅溅一身，还会烫着你的嘴。这里的牛肉汤味浓，没有添加剂，用纯牛骨熬制，原汁原味。除了这两样，阿桀还喜欢他家的辣椒油，色红味香，还不烧嗓子，在醋里放上零星半点，绝对提升口味。

现在，蒋有记在南京老门东内开了分店，就是地方稍小，每次都得排好长的队伍。

15

小笼包饺

瞻园面馆

小笼包饺、爆鱼面

以前每逢周末，渠妈就会带着阿渠去瞻园面馆吃早饭，一碗爆鱼面，一笼小笼包饺，老牌子老味道。

老南京称爆鱼面为熏鱼面，就是用 2 米多长的大青鱼，用酱腌的方法做成熏鱼，成为面的配料。别光吃熏鱼，面汤也是这碗面的精华，熏鱼的卤汁配合着面食的清香，味觉大开。

小笼包饺是小笼包和蒸饺同时登场的意思，一个笼屉里两样包汤类美食的较量，看看你更青睐哪一个。据说瞻园的小笼包上得捏出 24 个以上的折皱，然后在收口处留一小圆洞，这样蒸出来的面皮和肉馅儿才能完美融合。

现在称瞻园面馆的有好多，根据阿渠经验的观察，应该在秦淮区双塘里 60 号的比较正宗。

爆鱼面

莲湖糕团店

五色小糕、桂花夹心小元宵

五色小糕

糕团礼盒

莲湖糕团店是南京的老牌本土甜品店，路过店门口就会看见各种五颜六色的糕团放在橱窗里，算是夫子庙的街头一景了。里面都是穿着统一白色服的大妈，声音响亮，动作举止都比较豪爽，特别有国企范儿。

阿枭喜欢下午时分来这里，点一碗桂花夹心小元宵，填补一下微饿的肚皮。临走时，可以顺带来一些糕团甜点，马蹄糕、千层糕、卷心糕、如意糕……要不各来一份吧。

以前每到过年，家里人都会去莲湖糕团店带一份糕团礼盒送礼，里面会放有 12 个形态各异的小糕团，兔子、小鸭、苹果、桃子等，都是小小的萌哒哒的，阿枭最爱吃小兔子的，都盼着老妈快点把糕团蒸熟。不过现在这样的礼盒已经不再售卖了，只有单独的品种，我们称它们为"百色糕团"。

巷弄里的美味

驴友们都说，要想吃地道的地方风味，得钻到城市小街小巷里去扒一扒，南京的小吃可是融合了六朝以来千百年的精髓，怎能不去扫荡一番呢！

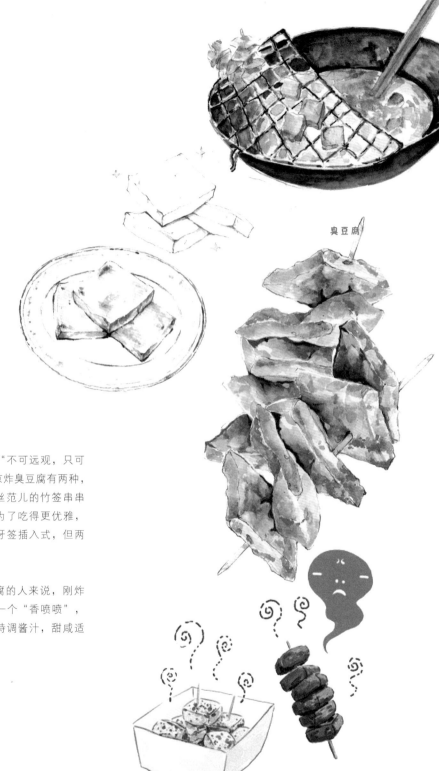

美味【炸臭干】

臭豆腐

臭 豆腐可谓是"不可远观，只可近尝"。南京炸臭豆腐有两种，最初的时候都是屌丝范儿的竹签串串式，后来小年轻们为了吃得更优雅，发明了小资范儿的牙签插入式，但两者口味没啥差别。

对于爱吃臭豆腐的人来说，刚炸出来的臭豆腐那叫一个"香喷喷"，再淋上熬得浓稠的特调酱汁，甜咸适中，人间极品！

【鸡汁回卤干】

鸡汁回卤干

豆腐果、豆芽、鸡汤，简单的三样食材拼凑出了鲜美的小食——鸡汁回卤干。

传说原来只有豆腐果，把它们组合在一块的是明太祖朱元璋，因为朱元璋一次微服出巡到一家炸豆腐果的小店，店老板慧眼识人觉得这人甚是了得，要给点好的吃，于是将豆腐果和鸡汤同熬，加上寓意"如意"的黄豆芽，估计是明皇吃惯了山珍海味，偶尔来点民间清口觉得甚是美妙，所以这道美食就流传了下来。

金黄软酥的豆腐果，脆口的豆芽，鲜美的鸡汤，三种金色循序渐进，阿眔觉得甚是美哉。

乾隆赐名 【梅花糕】

梅花糕

作为六朝古都的南京，很多美食传说都和帝王有关，南京的梅花糕也不例外。据说乾隆下江南时，在街边偶遇了这种形似梅花的甜点，觉得不仅造型优美，而且颜色鲜艳材料富足，口味甜而不腻，就像地大物博实力雄厚的大清王朝一样，于是赐名"梅花糕"，流传至今。

虽说明朝时梅花糕就诞生了，但发展到当下肯定变革了很多，现在梅花糕不仅外表丰富，还很有"内涵"，酥软的皮囊里包裹着滚烫浓稠的红豆沙，虽外表冷却，里面却能烫着嘴。

阿眔觉得，这小小的梅花糕，就如同南京人的性格一样，没有心机，但热情似火！

阿婆【五香蛋】

五香蛋

在南京水游城商场对面，有一位老阿婆在小巷口静静地卖了十几年的五香蛋，直到地方的知名美食节目探访，"阿婆五香蛋"的名声才渐渐传开来。

阿婆五香蛋，阿槑其实更愿意叫它卤蛋，因为阿婆都是把蛋壳剥光再放入卤汤中煮透，没壳的鸡蛋被卤染尽了颜色，黑不溜秋，南京人喜欢叫"铁蛋"，卤汁的鲜香也被深深吸入蛋心，吃起来更加的入味。阿婆年纪大了，所以有时会让女儿出摊。人虽换了，但口味依旧。

看花灯吃元宵

年过得真快！眨眼都要到正月十五元宵节了。南京人把元宵节称为过小年，可见对元宵节还是非常重视的。眼看着元宵节要到了，夫子庙里里外外都开始上花灯了。

南京夫子庙的“元宵灯会”可以说闻名世界了。阿槑家每年元宵节的晚饭后都会全家出动去逛灯会。当然，过元宵佳节还有一个必不可少的节目就是全家人团团圆圆吃元宵啦。

【老头元宵】
和
【老太元宵】

南京还有一种"叠元宵"，它是滚出来的。将内馅切成小方块后，蘸上水，放在满是糯米粉的筛子中，抖动筛子让小馅儿不停地翻滚，就和滚雪球一样，越滚越大，大小和乒乓球一样的时候就可以停了。

原来夫子庙靠瞻园路口，有一位老头和一位老太，两人都支个摊子卖叠元宵，都说自己的是夫子庙最正宗的，老头打的招牌是"正宗夫子庙老头元宵"，老太也不甘示弱，打出"正宗夫子庙老太元宵"和老头对着干。阿槑觉着，两家的元宵味道都差不多，都蛮好吃的。

在南京，元宵还有一种有趣的吃法，就是"炸元宵"。把元宵在开水里过一下捞起来，再放油锅里炸到金黄，用个竹签串起来，像糖葫芦一样。炸元宵吃起来外酥内柔，不过这种吃法现在不多见了。

南 京人吃元宵既有南方的汤团，也有北方的元宵，还有一种南京特有的和酒酿赤豆一起下的小元宵——乌龟仔仔。汤圆是手搓出来的，元宵是滚出来的。

【四喜汤团】

南 方人做的汤圆和北方不同，是用包包子的方式做的，所以馅儿种类花样也多。南京有个出名的四喜汤团，听着名字就让人觉着吉祥喜庆，何不去尝一下呢？

四喜汤团是一个小碗里，盛有四个不同形状、不同馅儿的汤团，分别是芝麻糖、豆沙、枣泥和鲜肉馅，形状也分全圆、扁圆、椭圆和带个小辫子的来区别。一碗下去，既能尝到不同的口味，还能吃饱肚子，真是两全其美。

四喜汤团

乌龟仔子
与
赤豆元宵

乌龟仔子里面没有馅子，大小就和乌龟仔一样，一颗颗小小糯糯的。南京人发明乌龟仔子，就是为了和赤豆酒酿一起搭配的。没有味道的乌龟仔子，和鲜甜的酒酿、温软的赤豆调配在一起，顿时就让整碗酒酿赤豆元宵绵糯鲜活起来。

赤豆元宵

金陵几经沧桑，如今方像这"金陵元宵"一样，家家团圆，真正过上了太平安乐的日子。

末代皇帝与
夫子庙【元宵】

据说末代皇帝溥仪"下岗"后，在中华人民共和国成立后来南京玩，到夫子庙看到有店家在搓四喜汤团，在皇宫没见过做元宵的溥仪，觉得甚是新奇，于是不仅现场品尝，临了还带了一大袋子回去。有人告诉他夫子庙这一带在他没退位前是个销金窟，纸醉金迷的地方，他很有感触地说："金陵几经沧桑，如今才像这'金陵元宵'一样，家家团圆，真正过上太平安乐的日子。"

长长久久要吃面

早春的南京，乍暖还寒。俗话说："二月八，冻死老母鸭。"这个时候如果有一碗热腾腾的面条，必是极好的。那么，阿槑就来说说南京好吃的面条吧。

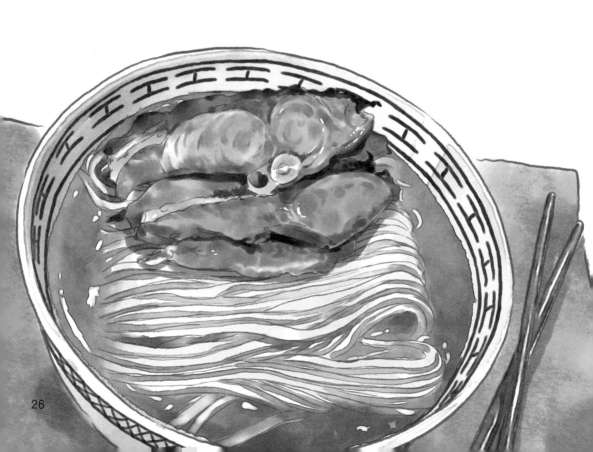

小煮面

暖到心的【小煮面】

小煮面是南京小吃之一，因面中皮肚是必不可少的材料，所以又称"大碗皮肚面"。特点是不放酱油，至少有10种食材做搭配，青菜、木耳、皮肚、猪肝、西红柿、鹌鹑蛋、香肠、肉丝等一锅烩熟，端上桌是满满一大碗。煮面的时候加入老板自制的荤油，配上特制的辣椒油和油渣，味道更是鲜香。

小煮面最麻烦的地方在于要一碗碗地用小锅去煮，所以想吃好吃的小煮面要耐得住排队的辛苦。

最正点的皮肚面：
祁家面馆

南京张府园有家皮肚面，街坊俗称"寡妇面"，是一个姓祁的老大妈做的。祁大妈老伴去世早，几个儿女就靠她一个人卖皮肚面养大。

祁家面馆原来地方又小又破，但是生意特别好，只在早上和中午做，最忙的时候叫号取面，能叫到一百多号。近两年装修了一下，环境比以前好多了。祁家的皮肚是自制的，味道比别处更是香浓，分量也足，阿槑最爱点一碗"全家福"，吃着特别过瘾。

祁家面馆

好吃到销魂的【老卤面】

老 南京爱吃老卤面，就是一种比较重口的面，特点是味咸卤重。面的卤汁口味和浇头用料，决定了老卤面的优劣。老卤面的卤汁由酱油、荤油、小葱、盐、味精等制成。南京很多知名的老面馆，面卤用的油是自己炼出来的，具体方法和用料可以说是商业机密。

牛肉面

最具人气的老卤面：
高岗里小马牛肉面

这是牛肉面中的"战斗机"，阿猱中午的必选之一。 小马牛肉面的面条非常筋道，很有咬头。牛肉不像兰州的牛肉拉面那样切成薄片，而是方块状的，咸中带甜，非常入味，不过口味清淡的请勿进入。目前加盟的太多，建议到总店品尝。

最霸气的老卤面：
路子铺小龙大肉面

典型的口口相传夫妻面馆，大肉很霸气，一块几乎等于南京大多数面馆大肉的两块，皮炸得透而不酥，肉炖得烂而不柴，浓厚香醇，这一块下去，一点都不腻人。

大肉面

长鱼面

最贵的老卤面：老瞻园的长鱼面

是老卤面中唯一的白汤。小时候，爷爷经常带阿眯去老瞻园吃长鱼面，那时候长鱼面还没有这么贵，每次阿眯都吃得光光的，连面汤都不留！

熏鱼面

吃得最过瘾的老卤面：
四鹤春的熏鱼面

四鹤春是个老牌子了，创建于 1932 年 10 月。阿眯小时候就住在附近，常吃他家的熏鱼面。他们家的面，阿眯可是从小吃到大的。

四鹤春的熏鱼是自己腌制和油炸的，大大的一块作为浇头，香酥可口。面条是典型的老南京传统挂面，入口很滑爽，骨子不很硬，适合老年人和小孩。

充满文艺范儿的【素浇面】

文艺小清新们吃东西对环境很是挑剔，前面阿槑说的很多街巷美食注重的是口感，门面上就有些未必给力了。要想吃得有范儿，有两家面馆可供参考。

鸡鸣寺豁蒙楼百味斋：平安素面

鸡鸣寺里的百味斋素斋馆，就是原来的豁蒙楼，阿槑小时候春游就在这里吃过平安素面。绵长的面条，浇头由香菇、黄花菜、莲藕、木耳和豆芽制成。食面之时，抬首望向窗外，你会发现不一样的风景。

春末的一个下午，天空飘着丝丝细雨，将窗外的绿色洗得格外青翠欲滴，空气里都是木兰的清香。坐在临窗向外望去，一片翠绿的是市政府大院的森森梧桐，白鹭们在树梢翩翩起舞。越过台城，那一片湖光，像一面洗净的明镜，游船过处，湖面微微泛起涟漪，映着淡淡的远山，构成一幅美妙的写意画。这时，一缕阳光穿过阴沉的乌云，照亮了整个湖面，正是：东边日出西边雨，道是无晴却有晴。

灵谷山房里禅意十足的素面

这是一处很雅致的地方，一对很雅致的夫妻开了一个很雅致的素面馆，店里只卖一款很雅致的素面。

面里有素鸡、青菜、香菇、一颗卤得入味的卤蛋以及清新的空气和灵谷的美景。

老板每天清晨买菜回来后就开始潜心熬制面条汤底，汤底是用多种菌菇和蔬菜调制的，面汤从不放味精和鸡精。每天一桶汤大概能卖30碗面左右，来迟就只能等次日了。

吃灵谷山房的素面，最好选一个初秋的午后，小憩在树下，可以一边欣赏着阳光从树荫缝隙里投下的斑驳的光斑，一边感受着微风送来的阵阵桂花的淡香，一边品味着可口的素面。整个下午，让你整个人静下来，静到能体会时光从身边如水般流过的惬意。

一碗面，温柔了你的岁月。

素面

拿个野草当个宝

老南京有个顺口溜："南京人，不识好，只拿野草当个宝。"这里说的"野草"就是南京人春天最爱吃的各式各样的时令野菜。在这一段时间里，阿眯家的饭桌子也是一片绿色！

可不是嘛！春天一到，惊蛰刚过，草长莺飞，万物复苏。这时的"小把戏"脱了老棉袄、老棉裤，轻松快活得不得了！就跟着长辈拎着菜箩、拿着小铲子，到城南门外雨花台、菊花台挑野菜！

南京人挖野菜的地方集中在紫金山、雨花台、玄武湖、牛首山、江心洲、八卦洲等地，其中以南郊野菜最多，种类最全。

野草中的那些〔头头脑脑〕

南京人常吃的 "七头一脑"

香椿头

马兰头

枸杞头

苜蓿头

菊花脑

野蒜头

豌豆头

荠菜头

开春荠菜赛牡丹

荠菜饺子

荠菜为十字花科植物，又名地菜、护生草、菱角菜。是南京野菜"七头"之首，也是南京人最喜欢吃的野菜之一。南京人每年从立春一直吃到"三月三"。

说到荠菜的吃法，那可是多种多样，有凉拌荠菜花生米、荠菜豆腐羹、荠菜春卷、荠菜鸡蛋饼等。阿槑最爱吃的是奶奶包的荠菜香菇肉馅的饺子，一口气能吃三十个。

传说三月三是荠菜花生日，老南京有个顺口溜：三月三，荠菜花开赛牡丹！女人不戴没钱用，女人戴了粮满仓！快到三月三，荠菜花的十字形就像一把小伞绽放，这时候的荠菜已经有些老了，不适合直接吃了。

三月三这天，南京人有荠菜花煮鸡蛋的习俗，说是可以治头晕、头痛的毛病呢。这天一早，奶奶就把新鲜的荠菜花洗干净，和鸡蛋一起放到锅里头，放些水煮开啰，歇刻儿小火再笃上一段时间，让汁水尽可能释放，再煮片刻即可出锅，荠菜花水煮鸡蛋便大功告成。煮出来的老鸡蛋去了壳，呈淡淡的绿色，和着荠菜的清香。

荠菜花煮鸡蛋

马兰头 喷喷香

马兰头别名马兰、红梗菜、鸡儿肠，属菊科马兰属多年生草本植物，味辛，性凉。马兰头一般生在路边、田野、山坡上，很常见。袁枚《随园食单》介绍了马兰头吃法："马兰头摘取嫩者，醋合笋拌食，油腻后食之可以醒脾。"

马兰头有红梗和白梗两种。白梗子的比红梗子的更好吃。清炒亦可，和花生米子、香干子丁一起凉拌，更适宜！

炒马兰头

明目清热 枸杞头

炒枸杞头

枸杞头就是枸杞的嫩叶，其味略苦。春天吃枸杞头，可补肝气，益精明目。民间有一首关于枸杞的歌谣："春天采其叶，名为天精草。夏天采其花，名为长生草。秋天采其子，名为枸杞子。冬天采根皮，又称仙人杖。四季服用，可与天地同寿。"其中天精草就是枸杞头。

枸杞头能治疗阴虚内热、咽干喉痛、肝火上扬、头晕目糊、低热，这些都是熬夜最容易产生的不适，对于夜猫子来说，清炒枸杞头是春季最清火野菜。

炒苜蓿头

母鸡头 也是菜

苜蓿有两个大的种类，一种是菜，一种是牧草。南京中山门外有一处地名为"苜蓿园"，那一带在明代时期是禁军放马的地方，因那里种植大片的苜蓿草而得此地名。明朝宣德五年(1430)，巡抚南方的周忱到江南推广种植苜蓿，南京种苜蓿，吃苜蓿便由此开始。苜蓿头，南京人喊着喊着就喊成"母鸡"头了，喊成了南京人春天餐桌上一道美味的时令菜。

香椿头 不是臭椿头

不要以为野菜都是贴地而长的，香椿可是能长得很高的树哦！只有在春季谷雨前后，香椿树发的嫩芽才是南京人最爱吃的野菜。香椿味道十分特殊，喜欢的人是爱不释口，而接受不了这个味道的人，会觉得它吃起来有一股橡胶味。

过去南京许多老平房的门前院后都种有香椿树，每年三月中旬，发的都是紫红色的香椿芽，用老南京话说就是"本"香椿芽。这个时候，大人就会拿个长竹竿，伸到树枝顶上去敲打。"哐哐哐"几下掉得一地树叶树芽，小孩儿就在下面跟着捡，捡满一兜，回家炒鸡蛋吃。

香椿头炒蛋

春的味道

炒豌豆头

脆嫩清香 豌豆头

豌豆头是豌豆上架成长期所采摘的嫩苗部分。刚摘的豌豆头，晶莹剔透、碧绿粉嫩的，真正的嫩得能掐出水来。南京人食豌豆头颇为简单，用多一点的食用油，大火快速翻炒一下，略加点盐糖调味，就可以盛盘上桌了。微微清苦之后却又有甘甜的回味，特别爽口。

紫金山上 野蒜头

野蒜又称薤白，嫩叶细细长长，根圆圆白白，形如珍珠，香气浓郁，全身都可以食用，既是佐餐佳品，又有一定的药用保健功效。其他野菜南京各处都有，也没什么特定的地点。而小蒜头要难找得多，只在紫金山成片成片地生长，铺得树林底下全是，跟天然草皮一样。拔一小把回家，够吃上好一阵子。

腌蒜头

菊花脑蛋汤

薄荷味的 菊花脑

南京野菜最有特色的恐怕非菊花脑莫属了。菊花脑作为菜蔬开始时就是在南京流行开来的。菊花脑有一股特殊的清香，也就是这股特殊的味道让南京人对它爱得死心塌地。按裸妈的说法，就是要有那股辣辣的薄荷味，才值得吃！一般外地人对这个味道是实在不能适应的，他们只能由衷地感叹：南京人真能吃草！

南京人喜欢用菊花脑的嫩叶和青壳的鸭蛋做汤。将菊花脑放入沸水中，待水开即可起锅，再淋上几滴麻油，满屋里便飘满菊花般的清香。莹莹绿透的菊叶，和金黄的鸭蛋花相互映衬着。一碗汤喝下去清热又败火，这种一直浸润到心里的清凉味道，是南京人独享的夏日体验。

芦蒿炒臭干

炒出一盘【碧玉杆】

南 京人爱吃"野草"是在全国出了名的，因南京人爱吃而大名远扬一种野草，那就是芦蒿了。

芦蒿又名蒌蒿、水艾、水蒿等，为多年生草本植物，生于低海拔地区的河湖岸边与沼泽地带，南京的芦蒿以江心洲，八卦洲和玄武湖畔野生的最好，现在最出名的要数八卦洲了。芦蒿根性凉，味甘，叶性平，平抑肝火，可治胃气虚弱、浮肿及河豚中毒等病症以及预防芽病、喉病和便秘等功效。

芦蒿有一股特殊的清香味，是令汪曾祺先生难以忘怀的"坐在河边闻到新涨的春水的气味"，是被雨水滋润后泥土的气味，也是大自然给南京人最美的馈赠。这种香味以野生芦蒿尤盛，野芦蒿茎微微泛红，比人工养殖的青绿色茎的家芦蒿要有味道。芦蒿菜中最有南京味道的就是芦蒿炒臭干了，碧绿的芦蒿杆子配上灰黑的臭干，清香与风味的结合，脆嫩又有嚼劲。

芦蒿在古代还有一种比较文艺的吃法——古人在寒食的时候，将它作为"春盘"的配菜，是春日食春菜的首选之一。

寒食
春团

清明前后，好吃的春团上市了。阿槑总会眼巴巴地盼着老爸下班带一盒回来，给阿槑解馋。

在古代，春团是在寒食节吃的，就在清明节前一两天，由于从周朝开始，规定百姓在这一天要禁火，只能吃冷食，所以勤劳聪明的祖先们就创造了一种中式冷餐——青粉团，也就是现在的春团，南京人也叫"清明团""草团"，江南一带普遍称"青团"。

春团的绿色素来源于麦浆草，一种只在清明前后出现的植物，所以春团一年当中也只有在这段时间才有的吃。当谷雨一过，麦浆草老了，要吃也就要等明年的光景了。

春团的【传说】

为什么会流行吃春团，在坊间有很多传说，最有名是"李秀成逃难说"和"南梁养生学"两种。

李秀成逃难说：太平天国将领李秀成被清兵追捕时，隐藏在农民家里，百姓为了帮他逃过追捕，就把糯米团染成了绿色，藏在草里带给他。

南梁养生学：东晋时，有北方人迁徙到南方，很多人水土不服，而春团里的青汁营养丰富，对春季肝火旺盛有很好的食疗作用，因此就一直流传至今。

甜咸大战

高淳青团

春团的"咸甜大战"古代就已经开打，甜口党自称是龙的传人，属性正宗，但咸口党后来居上，颇受喜爱。在南京，似乎甜口党更占优势，做春团的老字号"莲湖糕团店""芳婆糕团店"都是以芝麻、豆沙馅儿为主的甜口。

有一次，楪妈带阿楪去高淳玩，让阿楪吃到了一种特殊的高淳春团——鼠曲草青团，用高淳话讲叫"破絮裹团子"。高淳的春团用的是鼠曲草做成的，颜色比平常的青团深，口感没有平常青团的油嫩，但味道更加清香，更加糯，别有一番滋味。

正是河鲜欲上时

惊蛰一过，天气越发的清亮起来，满眼的绿意蔓延开来。无论是山里还是河里，生机勃勃。一年之计在于春，早春最让人期待的莫过于尝一尝刚上市的河鲜和江鲜了。

清明【螺】赛肥鹅

南京有个俗话：清明螺，赛肥鹅。清明前的螺蛳，鲜嫩无比，口味可与仔鹅媲美，营养价值更胜于鹅肉。每年惊蛰过后，就是螺蛳上市的季节，南京人会抓紧时间，从惊蛰吃到清明，这真是“日啖螺蛳三百颗，不辞长作南京人”。

螺蛳这个东西，别看它其貌不扬，在水塘或沟渠里生活，不是很干净的样子，其实螺蛳是非常娇气的，它对水质要求很高，被污染的水域，螺蛳是不会存活的。

老南京人选购螺丝时很有讲究，首选个大、壳薄、颜色淡黄且浅水塘的螺蛳。这种螺蛳的肉厚细嫩、没有土腥味。每次阿槑奶奶买了螺蛳回家，会把它们放在盆里，再滴上几滴菜油，让螺蛳把脏吐出来，清养几天（每日换水），就可以做南京人最钟爱的一道野味时令菜肴——炒螺蛳了。

五香炒螺蛳

　　阿槑奶奶炒五香螺蛳那是一绝。奶奶等螺蛳将脏吐净后用一种特制的小闸刀将螺蛳屁股剪掉，再清洗干净，备姜葱五香等调料，一起入锅煸炒片刻，即放料酒、酱油、盐糖（少许），加水煮十余分钟后起锅，一盆扑鼻香的五香螺蛳便可上桌了。炒螺蛳是阿槑一家的至爱，一家人围着一盆螺蛳，边吃边看电视，真是一种享受啊。

　　每逢此时，南京的街头巷尾都有摆着煤炉的小摊贩叫卖五香炒螺蛳，路人纷纷买了趁热吸食。炒螺蛳是时令美食，南京人一般吃螺蛳都是在清明前，清明后螺蛳生小螺蛳，就不宜再吃了。

韭菜炒螺蛳肉

　　奶奶的另一道拿手家常菜就是韭菜炒螺蛳肉。奶奶先将螺蛳静养洗净后，用热水将螺蛳焯熟，然后带上老花镜，花上大半天的时间，用缝被单的针将螺蛳肉一个个挑出来。等挑出了满满一小碗螺蛳肉，奶奶再取新鲜的春韭择好洗净，切成小段，用热油将螺蛳肉与韭菜爆炒后装盘（切忌炒时长，否则螺蛳肉就老了），鲜嫩爽口的韭菜炒螺蛳肉就上桌了。

韭菜炒螺蛳肉

美味【河蚌汤】

咸肉河蚌豆腐汤

早 春上市的河鲜除了螺蛳，还有河蚌。

南京人对河蚌的称呼比较有意思，叫"歪歪"。具体有什么说法，阿眔也不是很清楚。阿眔对"歪歪"最大的兴趣就是，里面有可能有珍珠哎！另外，阿眔最爱喝奶奶烧的咸肉河蚌豆腐汤。奶奶会在菜场买一个很大的河蚌和一块手磨的老豆腐回来，先将河蚌收拾干净，用盐抹一抹，在热水里焯一下，同时把豆腐也切成小块。再将家里屋檐下的咸肉割一小块泡洗干净，切成小块，和河蚌、老豆腐一起放在砂锅里用小火煨。当河蚌汤还在炉子上炖着时，咸肉的鲜香的滋味，就慢慢地渗透进河蚌和豆腐里。香气飘出来，开始勾引着阿眔的馋虫了，河蚌汤就炖好了。

南京人每年也就是这短短一个月左右可以美美地享受雪白醇厚的河蚌汤的滋味。一过了清明，河蚌里就滋生蚂蟥等寄生虫了，再想吃河蚌，也只能等来年了。

【长江刀鱼】

刀鱼面

刀鱼又称刀鲚，是一种洄游鱼类，与河豚、鲥鱼和鲍鱼一起被称为"长江四鲜"。刀鱼体形狭长侧薄，颇似尖刀，银白色，肉质细嫩，但多细毛状骨刺。肉味鲜美，兼有微香。

刀鱼平时生活在海里，每年2～3月份由海入江，并溯江而上进行生殖洄游。产卵群体沿长江进入湖泊、支流或就在长江干流进行产卵活动。这些年由于长江污染加剧以及滥捕滥捞，刀鱼产量逐年下降。

阿眯小时候，刀鱼还是平常老百姓人家餐桌上常见的家常菜。而到了现在，刀鱼已经成为不是寻常人家能吃得起的时令珍馐了。阿眯那时候还不懂事，觉得刀鱼刺太多，吃起来太麻烦，对美味的清蒸刀鱼完全不接受。现在想起来真后悔！

刀鱼这种洄游鱼类的季节性最强，上市时间就是短短的清明前后一段，对于老南京来说，清明后刀鱼就不再上桌，说是刀鱼刺变硬了，不好吃了。由于刀鱼由大海回溯的范围很小，民间一直流传"刀鱼不过芜湖"的说法。

清蒸刀鱼

旺鸡蛋与"忘记蛋"

鸡蛋里面【挑骨头】

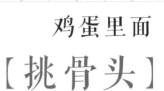

"**鸡**蛋里面挑骨头"说的就是南京小吃里独一无二的奇葩——旺鸡蛋。正常孵化小鸡要经过21天，过了21天还没有破壳的鸡蛋叫旺鸡蛋。旺鸡蛋在外地人眼里是要丢弃的无用之物，而在南京人眼里，却是至鲜至美的美味。

全蛋

全鸡

半鸡半蛋

花蛋钱【吃只鸡】

挑旺鸡蛋也是件讲究活，旺鸡蛋分全蛋、半鸡半蛋、全鸡三种。看名字就可以知道三种蛋的区别，之所以有这些区别，是因为发育的程度不同。阿猍最爱吃的是全鸡，花鸡蛋的钱买只鸡吃，这才合算！阿猍深得猍妈真传的"听声大法"，练得一手了得的挑全鸡好功夫：将旺鸡蛋放在手里在耳边一摇，有"库噜库噜"晃动声的是全鸡；稍微有点"哗啦哗啦"声的则是半蛋；无声无息是全蛋，就是最没吃头的大白蛋。

挑好旺鸡蛋后，先敲碎圆头，剥开一点，慢慢吸尽里面的卤子，再完全把鸡蛋壳剥掉，蘸着老板给的一小碟椒盐，一点一点慢慢享受旺鸡蛋的美味。旺鸡蛋真是种让人神往的极品。

蘸着【椒盐吃】

吃 旺鸡蛋一定要蘸盐。一提到这盐，蘸旺鸡蛋的盐基本都是店家特制的，是用上好的精盐和花椒粉按一定的比例配好，再放在小锅里一点一点炒熟的。火候还要掌握得好，不然就会糊了，那一锅盐就白费了。这椒盐的香味混合旺鸡蛋的汤汁，才是最绝妙的搭配。

早春的南京，许多小巷的拐角处都有老头、老太太卖旺鸡蛋小摊子的身影。梧桐树下随便放着几个小木凳和一个小煤炉，煤炉上炖着个钢精锅，锅里的旺鸡蛋一个个浮在水面，泡着热水澡。旺鸡蛋的生意就开始了。

旺鸡蛋虽然美味，不过小孩却不能多吃，据说吃多了会早熟。眔妈不让阿眔多吃，因为旺鸡蛋又叫"忘记蛋"，据说小孩儿吃多了会记不住事儿呢。

椒盐

亲兄弟【活珠子】

南 京旺鸡蛋还有一个高大上的兄弟——活珠子。活珠子产于南京的六合一带。活珠子和旺鸡蛋是有区别的，旺鸡蛋是孵化不成功的鸡蛋；而活珠子是正在孵化中的正常鸡蛋，在 12 天的时候人为使其停止孵化，成了好吃又营养的"活珠子"。活珠子壳里上半段是小鸡雏形，下半段却是还没变过来的蛋黄。活珠子的味道比旺鸡蛋更加鲜美，营养价值也更高。当旺鸡蛋还在街头巷尾活跃的时候，活珠子现在已经成为酒店、饭馆的桌上常客了。

昵称：旺鸡蛋

挑选：21 天后没孵出小鸡的鸡蛋。

可以看见完整小鸡

有毛、有鸡肉、有骨头

鲜度：★★★★★

价格：我便宜

活珠子

旺鸡蛋

昵称：活珠子

挑选：12 天左右正在孵化中的鸡蛋。

隐约可见小鸡雏形

有骨头、没有毛

鲜度：★★★

价格：我贵点

夏

的

味

道

南京的春天很短，当桃花、杏花都落尽后，街边的蔷薇红满了墙的时候，夏天就悄悄地到了。

初夏时节，是水果的盛期，南京附近的果园各种时令水果都一股脑儿上市了：红的樱桃、紫的桑葚、青的青梅、橙色的枇杷、鹅黄的甜杏、紫红的杨梅等，缤纷的水果们让整个季节都鲜活了起来！

初夏时节的鲜果

玄武湖的樱桃熟了

入夏不久，南京本地的樱桃就熟了。过去南京玄武湖的樱州、紫金山麓盛产樱桃。南京本土的樱桃品种以垂丝樱桃和东塘樱桃为主，东塘樱桃口味稍逊于垂丝樱桃。本地樱桃虽不如山东烟台引进的洋品种樱桃大，但纤细可人，酸甜可口，吃起来回味绵长，被人们统称为南京"小樱桃"。

夏的味道

樱桃

端午前，南京城的大街小巷，常常看见提着大竹篮子卖樱桃的大妈，腰型的竹篮子底部垫着樱桃树的叶子，上面满满盛着一簇簇形似珠玑、色如玛瑙、水汪汪、亮晶晶的樱桃，让人驻足，忍不住抢着买一把尝尝鲜。

大红袍枇杷

阿槑家的院子里的枇杷熟了，树上满满的都是橙红色的"小灯笼"。听爷爷说，家里的这棵枇杷树，是有名的"大红袍"，是枇杷中的上品。大红袍的果皮呈橙红色，较厚，果粉较多，容易剥皮。大红袍的果肉橙红肉厚，汁多而且味甜。

阿槑常常站在树下望着日渐成熟的枇杷，傻傻地发呆，口水也止不住地流下来。唉，今年什么时候才能摘枇杷呢？每年摘枇杷对阿槑这些小孩来说不亚于过节。阿槑家的枇杷树年数不小了，长得很高，每次爸爸都要架个梯子，一手拿着个小竹篮子，一手用剪刀，爬到树杈处采摘，阿槑就在树下做帮手。等所有成熟的果实都摘好，奶奶就会把枇杷分成好几份，送给邻里街坊和亲朋好友。

大红袍枇杷

熟透的桑葚

　　巷子里的桑树的桑果也日渐成熟，引得树上各种鸟，像开了茶话会。熟透的桑果落下，在地上印下了紫色的痕迹，也勾引得阿槑和小伙伴眼馋，忍不住放学了就偷偷爬上桑树去摘桑果吃。不小心弄得嘴上和衣服上都是紫色的桑果汁，擦也擦不掉，结果又吃了槑妈一顿"栗瓜"！

　　初夏就是这么个让人既饱眼福又饱口福的季节！

吃桑葚

龙虾！龙虾！

南京4、5月份春天的脚步还没走远，小龙虾就已经悄然上市了，到6月份，龙虾开启进攻模式，全面占领南京城，然后一直陪伴我们到夏末的9月。

以前，龙虾就是长在阴沟里的生物，南京人碰都不碰。那是抗日期间，日军攻占南京城之前，利用龙虾发起了生物战争，运了大量的龙虾放到农民的稻田里，专门破坏田埂，臆想着破坏了粮食，城内没有供给，南京城就可以不攻自破了。哪晓得，南京人太会吃，把龙虾变成了一道美食。

【逮龙虾】

小时候，阿槑最喜欢去小河边逮龙虾，那时候在中山植物园周围的小河沟里就有很多，一钓一个准。

钓龙虾也不需要多复杂的工具，一根棍子、一根绳子，诱饵就用蚯蚓或者是青蛙腿，往绳子上面一扎，就可以开始钓虾了。不知道是不是龙虾智商低，阿槑有的时候，一次能钓上来两三只。

火了【大排档】

到了1980年代末，龙虾开始风靡整个大排档，以前烧烤摊上的烟雾缭绕，变成了红烧龙虾的香味扑鼻。家里的龙虾按碗装，排档的龙虾按盆盛。天一泛黄，沿街的大排档就亮起了璀璨的霓虹灯，老板在店门口把炒龙虾的锅子往外一推，抡起膀子就开始了龙虾生意。

大排档环境嘈杂，但只有这样热闹的环境下，吃着鲜辣的小龙虾，再配上冰啤酒，那才叫视觉、听觉、味觉的全感官享受。每次吃龙虾，都是疯狂地流汗，但是感觉很爽，麻辣的味道怎么都吃不够。

龙虾的【口味】

经过多年的调试，龙虾已经从单一经典的麻辣口味，发展成为蒜香味、咸蛋黄味、酱骨味、十三香等等，还有的店会想出一些奇葩的口味，比如奶香味、榴梿味、梅干菜味儿的，不过，这些阿籴也不敢轻易尝试。

有一种龙虾口味——冰镇花雕味，算是龙虾中的臻品，十几只龙虾卖两百多元，也只有类似珍宝舫这种大饭店才能做出正宗的口味。

冰镇花雕虾

龙虾不够了

知道南京人一个夏天要消灭掉多少龙虾吗？有媒体计算过，差不多上千万吨龙虾，还有成千上万瓶啤酒。本来，南京本地的龙虾还是可以支撑的，但是后来，龙虾越来越小，越来越贵，南京周边就开始做起了龙虾生意。盱眙龙虾逐渐崭露头角，不仅供应龙虾，还创办了自己的品牌，每年都举办龙虾狂欢节。有幸在这期间来南京的朋友，可以驱车前往，感受一下疯狂的气氛。

盱眙龙虾

吃货的端午节

端午节作为中国有着两千多年历史的民俗节日，不仅流传着诸多的风俗，还成就了很多的端午美食，很多时令的菜肴只有在这个时候食用才最是美味。

端午【三绿】齐聚头

南京的端午要吃"三绿"：粽子、绿豆糕、绿豆凉粉。端午正直夏季初始，所以又叫"夏节"，这个时候的南京已经步入炎炎夏日的状态，偶尔吃些绿豆制品有消暑解热的作用，所以槑妈总会买点绿豆糕、做点绿豆凉粉给全家做下午茶吃。

"小苏州"和"桃源村"的"麻油绿豆糕"是槑妈的常态选择，两家都是有着七十多年历史的老字号，做出的绿豆糕颜色嫩绿，绵柔清甜，软糯滋润，泛着麻油和绿豆的清香。

南京的绿豆凉粉是用绿豆打浆后制作的，但颜色不是绿色，而是白嫩的，只有对光仔细瞧，才能在凉粉的边缘看见一丝绿光。凉粉买回家，槑妈总是浇一勺麻油、酱油和醋，再拌上新鲜的黄瓜丝和辣椒丝，一口下去，感觉整个夏天都清爽了很多。不过，槑妈有的时候会去"黄勤记"买现成的回来，懒得洗碗了。

绿豆凉粉

麻油绿豆糕

千奇百怪【粽】争香

说到端午，粽子是避不开的话题。端午节前一周，冞妈就会带上阿冞去菜场挑粽叶了。南京的粽叶叫芦叶，冞妈喜爱买韧性好、叶片稍大的叶子，吃的时候注意些，洗洗晒晒还能留着第二年用，就是没了新叶的清香味。

虽然总会出现南北粽子甜咸大战，但南京作为包容性超强的城市，咸甜皆宜。

在南京的咸粽大军中，香肠粽、肉粽是主力军，阿冞最爱的就是肉粽。不同于嘉兴红烧肉粽，南京肉粽习惯用咸肉，冞妈会特地挑带点肥肉的，这样蒸出的粽子才能饱满流油。

吃多了油性大的，来个甜粽算是最好的清爽调剂，豆沙粽、蜜枣粽都不错，而南京最传统的还是白糯米粽。白粽一上桌，阿冞就拿筷子对准一颗猛地一戳，第一口先尝尝原味，咬第二口前要在装白砂糖的碗里翻滚数圈，裹上满满的糖粒，再大口咬下，甜蜜蜜！

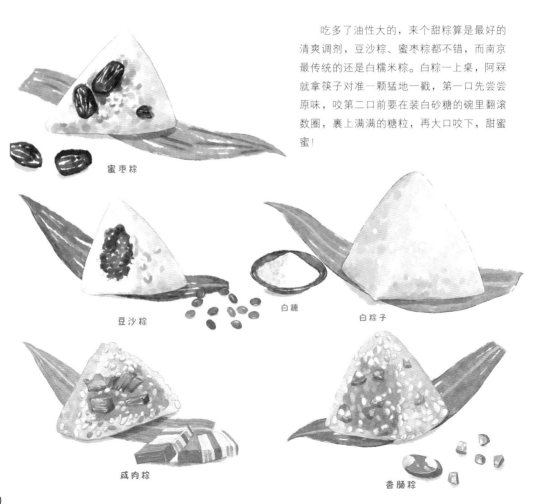

蜜枣粽

豆沙粽

白糖

白粽子

咸肉粽

香肠粽

四方粽（炸药包）

四角粽

小脚粽

家里包粽子的时候，不管是出于好玩还是真心，阿槑总想上前帮忙。但槑妈总是不让他碰，嫌弃他手劲小，搂不住米粒会散。所以，阿槑一直觉得包粽子是件很神奇的事情，看着粽叶在槑妈手上翻来覆去，线绳一绕，一个粽子就诞生了。包粽子前，槑妈总会准备个大木盆，把白净的糯米和大米混杂放入，最后加入酱油，然后让阿槑使劲和，还必须要和匀。槑妈一边监督一边在旁边将咸肉也拌上调料，等着一会儿的大工程。

三寸金莲

槑妈包粽子花样多，最长包的是"小脚粽"，这也是南京最常见的，形状和三寸金莲相似。阿槑最喜欢四方粽，南京俗称"炸药包"，阿槑喜欢带着这个去学校，和同学比谁的更硬实。

吃【五红】
还是吃【五黄】

在南京，端午的重头戏就是吃，有吃"五红"和"五黄"两种说法，但其实南京传统的端午美食是"五黄"，分别是"黄鱼、黄鳝、鸭蛋黄、黄瓜、雄黄酒"，就是五种与"黄"有关的食物。随着习俗的改变，"五黄"变成了"五红"，"苋菜、烧鸭、鸭蛋、龙虾、雄黄酒"。像龙虾，就是在1970年代的时候才被选入五红的。

䁖妈说，无论是吃"黄"还是"红"，这些都是时令的菜肴，寓意整个夏天都可以避邪避暑。现在雄黄酒喝得少了，但还是会"点雄黄"，就是在小孩额头上画个"王"字，避祸祈福，也希望孩子像虎一样健壮长大。

阿䁖对苋菜的印象很深刻，玫瑰红的菜汁，能把白嫩的米饭染得煞是好看，鲜美的汤汁拌着饭入口，其他菜都只是摆设了。印象深刻是因为吃完苋菜拌饭，嘴唇上就跟涂了口红一样，异常妖艳。

雄黄酒

夏的味道

苋菜

烤鸭

咸鸭蛋

龙虾

大战"三伏天"的饮食攻略

南京是全国"四大火炉"之一。黄梅天一过，整个三伏天基本没有低于35度的。阿眯每次出门，都像是在过小笼包的人生——活在蒸笼里。一到闷热的夏天，人就没什么胃口，什么大鱼大肉也不想吃了，干什么事都没有精神，感觉整个人都蔫掉了，这就是南京人说的"苦夏"。

怎么把这漫长的三伏天安然度过，让我们的胃口开心起来，南京人可谓是绞尽脑汁，煞费苦心。当然了，最关键的就是从"嘴上"开始做文章。

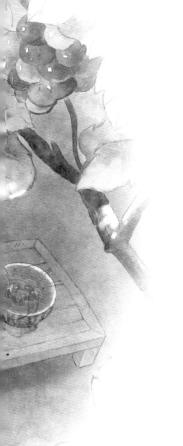

过夏天吃【西瓜】

在阿槑小时候，南京人最爱吃的西瓜是"陵园瓜"。南京的陵园瓜因为产在明孝陵一带而得名，主产地是马皇后陵墓附近，故又称为"马陵瓜"。陵园瓜长得椭圆形，青绿色花纹，皮薄肉甜，据说陵园瓜的含糖量高达百分之十一左右，的确算得上优质品种了。

那时候，爸爸带阿槑到中山陵玩，玩累了回家路过植物园一带的瓜田，直接买一个现摘的西瓜，也不用刀，对着西瓜捶一拳，西瓜就一裂几瓣，阿槑和爸爸坐在路边就大吃起来，那个甜啊，既清凉解渴又解馋。

到后来农科院研究出了黑皮的"苏蜜一号"，风靡南京的大街小巷，这种瓜长长扁扁，又甜又便宜，产量还大。慢慢地，陵园瓜就不见踪迹了。

陵园瓜   苏蜜一号

阿槑小时候，南京人吃西瓜可不像现在这么文雅，一个半个地买着吃。都是一买就是一麻袋，百十来斤扛回家，吃个一星期。

老城南人吃西瓜前，会把西瓜放到井里面泡泡，等到吃的时候捞上来，切开后，咬上一口，绝对透心凉，比冰箱里冰镇的还来斯。

阿槑这帮小炮子吃西瓜就喜欢做玩意头，把西瓜籽憋到嘴里，存到一定量，就一次性跟打机关枪一样，"笃笃笃笃"全吐出来，吐到脸盆里"叮叮当当"直响！阿槑爆发力强，每次都吐滴最远。

晒瓜子

酱油炒瓜子

　　西瓜子在小孩眼里是玩具，但槑妈眼里却是食材，每次槑妈都用脸盆将瓜子用水洗洗干净，放在晒台上晒干了，炒酱油瓜子给家里人看电视时候嗑嗑嘴。

　　西瓜皮也不能浪费，阿槑奶奶会把吃剩下的西瓜皮洗洗刮刮干净，做一道"瓜皮炒辣椒"配着喝稀饭，脆绷绷的，很是下饭。

　　一到立秋，南京有"啃秋"的习俗，阿槑家都会把一直留着的最后一个西瓜切开，全家围着一起啃，迎接秋天的到来。一般立秋过后，南京人吃西瓜的就少多了，卖西瓜的也收摊了。想吃西瓜，就要等明年再见了。

瓜皮炒辣椒

切瓜皮

【冰棒马头牌 马头牌冰棒】

夏 天除了西瓜，阿籴最爱的就是吃冷饮了。

　　小时候，南京最有名的冷饮就是南京糖果冷食厂生产的"马头牌"冰棒了。那时街里街坊流传一个顺口溜："要抽香烟二炮台（当时的名牌烟），要吃冰棒马头牌。"一到夏天，南京人听得最多的莫过于"冰棒马头牌，马头牌冰棒"的叫卖声。

　　以前卖冰棒的都是推个小推车或者自行车后座放着刷着明黄色漆、正面画着一个马头牌商标的木头箱子，箱子里头裹着大棉垫子，棉垫子里面严严实实地包着整齐码好的各种口味的冰棒。卖冰棒的走街串巷地叫卖，小孩儿只要听到这个吆喝，就坐不住了，讨个五分钱飞似的冲出家门，寻声而去。

小时候冰棒口味少，奶油、橘子、赤豆、绿豆、香蕉是最常见的。阿籴在家吃冰棒都很小心地用个碗盛着，哪怕化下来的冰水都要聚着喝下去。

偶尔籴妈开恩或者家里来客人，给阿籴一个保温桶，去买些像冰砖、蛋筒、花脸雪糕这样的高档冷饮开开洋荤。

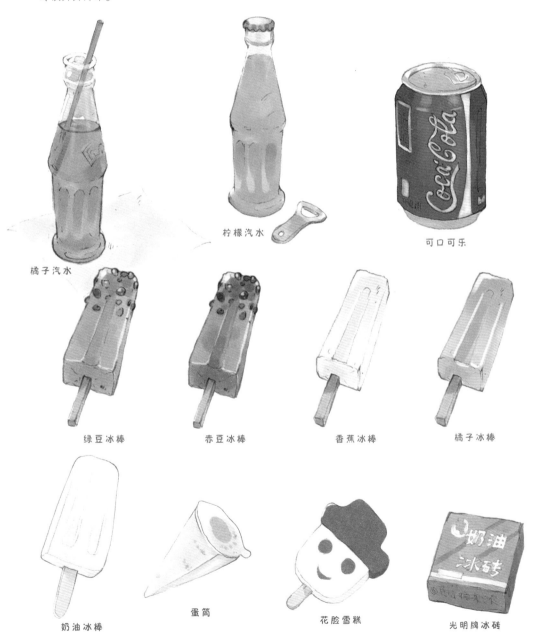

橘子汽水

柠檬汽水

可口可乐

绿豆冰棒　　　　　赤豆冰棒　　　　　香蕉冰棒　　　　　橘子冰棒

奶油冰棒　　　　　蛋筒　　　　　花脸雪糕　　　　　光明牌冰砖

【苦夏不苦】

百合绿豆汤

南京人有"苦夏"一说，就是三伏天没有胃口，要吃点苦味的败败火。所以，神奇的百合绿豆汤就出现了。

最重要的是，这里面放的百合一定要选紫金山和雨花台一带的土生土长的野生红皮子小百合，加上冰糖块往绿豆汤里一搁，这个大人喜欢喝，但阿渊嫌苦，虽然会偷偷地把百合拿出来，但都被渊妈发现，又被迫吃下去。

前面讲的都是夏天解暑的，其实南京人夏天还有必吃的几道"神菜"呢！

空心菜烧毛豆

斩一碗烧鸭多要一份卤子，回家烧个冬瓜，或者直接冲个汤，就可以解决一顿了。有条件的再拌一碗凉粉，淡绿的凉粉配着红绿丝和榨菜末、虾皮，浇一点麻油，啧啧，可以请客了！

烧鸭

还有蕹菜梗炒毛豆炒辣椒配绿豆稀饭，看似逆天的组合却有着口感和味觉上的双重爆发。

菊花脑鸭蛋汤是南京人夏日的必备饮品，南京特有的野生"菊花脑"充满浓浓滴薄荷味，配上青壳的麻鸭鸭蛋蛋花，首屈一指的清热败火绝佳圣品！不过现在很多店家都将麻鸭鸭蛋换成了鸡蛋，清凉的效果就弱了些。

凉粉

菊花脑蛋汤

71

荷花香出水八鲜

出了三伏天，虽然太阳还是那么火辣，但是明显没有之前那么热了，家家户户的胃口又渐渐好了起来。这个时候，正是"水八鲜"陆续上市的季节。

【水八鲜】与朱元璋

明朝开国皇帝朱元璋定都南京后，天下太平，战事基本结束，朱元璋便让部分士兵解甲归田，定居在沙洲圩，种植水稻、水生植物，养殖水产，供应御膳房。

朱元璋选出了南京的"三荤""五素"，即"鱼、虾、螺"和"花香藕、红老菱、茭瓜、茭儿菜、鸡头果"。

到了现在，南京老百姓口中流传的"水八鲜"已经转变为八种时令水生蔬菜了。分别是："花香藕、莲子、茭瓜、慈姑、菱角、水芹、荸荠、鸡头果"。现在的南京"水八鲜"的产地以八卦洲、龙潭、沙洲为主，可以一饱南京人的口福。

花香藕

以 莫愁湖的"花香藕"为最佳。明代《江宁县志》载："（荷）花有红白二种，白花者佳。花开时藕极嫩，谓之花下藕。"南京人喊顺了，便把"花下藕"喊成"花香藕"了。

鲜嫩犹如小胖孩的胳膊粗细的花香藕，吃起来没有一点渣滓，南京人常买回去洗净，切成片当水果吃。在夏秋之际，吃上嫩藕片，脆、甜、水分足，是阿槑最爱的零嘴。

阿槑老妈最爱做的一道菜是橙汁藕。用鲜嫩的花香藕切成薄片，泡在橙汁里放在冰箱冻上一夜，拿出来吃，酸甜脆嫩，在炎热的暑天里真是既消暑又解渴还下饭！

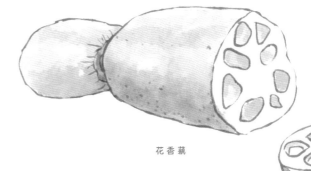

花香藕

菱角

菱 角，南京人俗称"老菱"。菱科，一年生草本水生植物，原产我国，性喜温暖及充足阳光。菱角种类很多，可分四角刺菱、二角菱和乌菱。清末民初，南湖、沙洲圩等处菱角生产日渐发展，供应量大增。

南京民谣有"四老（即老菱、老蒜、老姜、老北瓜）街上卖"。在中秋节前后，老门东门西的街头巷尾便会出现左胳膊上挎木桶，右手提一杆秤热卖老菱的"老头老太"队伍。"卖—老—菱—哟"的吆喝声一起，阿槑和小伙伴们的馋虫就被勾出来了，纷纷闹着向家人要钱买老菱。

老菱里面最好吃的是四角的刺菱，但是刺太多，一不小心会扎到嘴，小孩们对它是既爱又恨。其次是乌菱，南京的特产种，又叫蝙蝠菱，又大肉又多，吃起来粉糯糯的，很过瘾，阿槑最爱吃这个。而又红又亮的大红菱只中看不中吃，家里人拿这个来祭嫦娥。

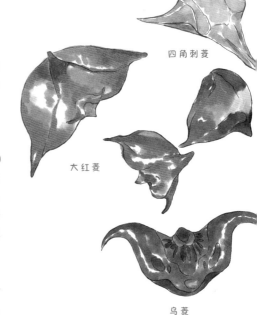

四角刺菱

大红菱

乌菱

茭 瓜未被菰黑粉菌侵入的嫩茎，为茭儿菜，是南京水生传统特产。茭儿菜在春末夏初上市，三四十根扎成一把，上部碧青，下部牙白，十分水灵，非常抢眼。茭儿菜极其娇嫩，又极易断裂，民间比喻为娇嫩的娃儿，南京人又叫它"娇儿菜"。等茭儿菜老了下市后，到了夏末，它的根部长肥大了，就是我们吃的茭瓜。

　　人们对茭儿菜的评价为：嫩不及韭黄，脆不笋尖，鲜不及蘑菇，香不及药芹。四句话看似贬实是褒，虽不是四样最美，却是四美皆具，这说的是茭儿菜超过其他蔬菜的地方。茭儿菜荤素皆可搭配，可冷拌，可炒，还可以做汤羹、馅料。阿袅最爱吃的就是奶奶做的茭儿菜炒鸡蛋。

茭儿菜

茭瓜

茭 瓜，又名茭白，古名蒋、菰，为禾本科，多年生水生宿根草本植物，原产我国。叶长披针形，叶鞘层左右互相抱合，形成假茎。根际有白色匍匐茎，春天萌生新株。初春或秋季抽生花茎，经菰黑粉菌侵入后不能正常抽薹开花，而刺激其细脆增生，茎部形成肥大的嫩茎，就是我们吃的茭瓜。

　　茭瓜以肥大白嫩者为佳。梁沈约《咏菰》云："结根布洲渚，垂叶满皋泽，匹彼露葵羹，可以留上客。"《客座赘语》曰："蔬茹之美者……茭白之出秋中……为尤美。"民国时期，南京茭白的品种有箭杆白、紫草头、黄草头，现仅存有箭杆白一种。20 世纪 50 年代从无锡引进双季茭小腊台。

慈姑

慈姑原名藉姑,始出《名医别录》。又名茨菰,出自《新修本草》。李时珍谓:"慈姑一株岁产十二子,如慈姑之乳诸子,故以名之。"

原产中国,一般春夏间栽植,八九月间自叶腋抽生匍匐茎,钻入泥中,先端 1 ~ 4 节膨大成球茎,即慈姑,冬季或翌年早春采收。慈姑甘甜酥脆,细腻香滑,粉糯可口,可煮、可炒、可烩、可炸,亦可做汤,且荤素皆宜,味殊隽别。目前,应市的品种有本地慈姑、高脚黄(早熟)、侉老五(中晚熟)。

慈姑

芡实

芡实

芡,亦称鸡头,睡莲科,全株有刺。叶圆盾形,浮于水面。夏季开花,花单生,带紫色。浆果海绵质,顶端有宿存的萼片,全面密生锐刺。种子球形,黑色。种子称"芡实"或"鸡头米"(或鸡头果)。南京郊区塘坝沟渠颇多,产量甚丰。民国《首都志》记载:"芡实值 6000 元(相当于 600 石鱼),产于玄武湖、莫愁湖。"近年来,市场很少见到。芡茎去表皮,松脆爽口,炒食味美,不失为夏秋时节别具风味的野蔬。

荸荠

荸荠，古称凫茈，俗称地栗、马蹄、乌芋，莎草科多年生宿根性草本植物。原产印度，在我国主要分布于江苏、安徽、浙江、广东等低洼地区。以球茎繁殖，春夏间育苗栽种或直播，冬季采收。

球茎扁圆形，表面平滑，老熟时呈深栗色或枣红色，有环节3～5圈，并有短喙状顶芽及侧芽。荸荠，既可当水果生食，也可熟食做菜，脆甜爽口，别有风味。历史上栽培面积较多，近二三十年栽培面积日渐减少，现在地产荸荠已很少见到。

荸荠

水芹

水芹

水芹，伞形科，多年生水生宿根草本植物。一般春季培育母株，秋季栽植，冬季或早春采收。嫩芹和叶柄作蔬菜，自古以来就是佳馔，有古籍可证。《诗·小雅·采菽》"言采其芹。"《吕氏春秋·本味》"菜之美者……云梦之芹。"南京的水芹，明代是贡品之一。水芹娇白嫩碧，用沸水一烫，用酱油、醋、麻油拌匀后即可生食，脆嫩可口，色泽碧绿，诱人食欲。炒食亦可口，且荤素皆宜。

秋

的
味
道

桂花季开始了

金陵处处【桂花香】

南京的秋天是随着桂花香气，无声无息沁入的。桂花在南京不仅是闻香，很多著名的美食都和桂花有着密切的联系。

比如桂花糖粥藕、桂花蜜汁藕和桂花糖芋苗，这些专属于南京的桂花甜品让阿眯带你们尝尝。

〖桂花、芋苗秀〗

芋头又称芋、芋艿，天南星科植物的地下球茎，形状、肉质因品种而异，通常食用的为小芋头，就是南京人所说的"芋苗"。芋头是多年生块茎植物，常作一年生作物栽培。

白煮芋苗

到了秋日，槑妈就会买些刚上市的小而圆的芋苗，回去给家里人尝鲜。等阿槑放学到家，槑妈就将洗干净的芋苗放在锅里煮熟，再挖一勺子白绵糖放在小碗里，让阿槑蘸了糖吃。刚出锅的芋苗绵绵糯糯的，好吃又抵饱，不但阿槑这些小孩子们喜欢，爷爷、奶奶这些老年人也很喜欢吃。

桂花糖芋苗

别以为桂花糖芋苗只是在白煮芋苗的基础上撒点桂花瓣儿就结束了，这个做工很是考究。

先从糖腌桂花开始，新鲜的桂花花瓣和蜂蜜相融一夜，呈现了甜蜜的桂花酱。熬芋头还要放入红糖和藕粉，这样煮出的糖芋苗才能润滑爽口、汤汁鲜红诱人。奶奶有时候会用小苏打代替红糖，煮出的颜色也泛着温润的绛红。

阿槑小时候，南京城的小巷中经常会看见小贩挑担叫卖，那时候槑妈就会拿个小碗或者小铝锅去打一碗回家，给阿槑解个馋。

桂花糖芋苗

【糖粥藕】【蜜汁藕】

南京的秋日经典甜品非糖粥藕和蜜汁藕莫属，两者的原料都离不开老藕和桂花，而且都是把糯米灌入老藕的孔中，做成糯米藕，唯一的区别就在于糖粥藕是"喝"的，蜜汁藕是"咬"的。糯米藕变成糖粥藕，就是将老藕放在粥锅中加糖桂花勾芡同煮，制成糖粥藕。

南京第一糖粥藕：蓝老大糖粥藕

在南京，比较有名的就是蓝老大糖粥藕店，老板就是蓝老大老爷子，有着祖传的手艺，"每天早上五点就要起来熬粥，晚上还要把第二天的芋苗剥好，藕揣好糯米。"这是老爷子的原话，这番用心做出的糖粥藕怎会不好吃呢？

现在，蓝老大年纪大了，手艺传给了三个女儿，也算是放宽了心，阿槑悄悄告诉你，二女儿被人称为"糖粥藕西施"。当然，阿槑还是冲着口味去的。

糖粥藕

南京第一冰糖蜜汁藕：
杨家蜜汁藕

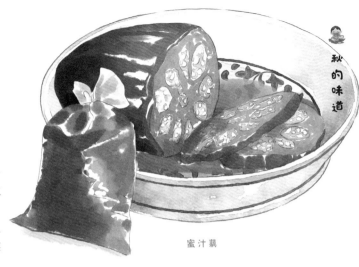

所谓蜜汁藕，就是放老藕做成糯米藕后，淋上蜂蜜、冰糖与桂花调成的蜜汁，这样蜜汁藕就大功告成了。传说中的"南京第一冰糖蜜汁藕"（又名"杨家蜜汁藕"）就位于瑞金路菜市场正门口。

蜜汁藕

正黄色的招牌非常醒目，上面用红色的大字写着"南京第一冰糖蜜汁藕"，下面还有一行小字——真正南京人的口味。

杨家的蜜汁藕选用粗壮浑圆、表面红润、富有光泽的九孔以下的新藕。洞眼里的糯米产自高淳，塞得紧实，满满当当。他家的冰糖都是使用老冰糖，汤汁浓稠。单吃起来，香甜软糯中带着一分脆韧，甜而不腻，清爽宜人，再糅合淡淡的桂花芬芳，沁人心脾，无论口感、口味、水准都是一流。他家还奉送一袋蜜汁做浇头，甜度自行调节。这"南京第一冰糖蜜汁藕"可真不是浪得虚名。

阿呆特别提醒：想要买藕也要赶早，每天下午过了五点，这藕基本上就卖光了。

每年六月到七月中旬，杨家蜜汁藕店是不开张的，这正是莲藕的生长期。没有好的鲜藕，老板宁可选择歇业。

桂花【糖炒栗子】

秋 天一到，桂花飘香，吃糖炒栗子的季节就这么来到了。

　　糖炒栗子本来是京津一带别具地方风味的著名食品，但现在传到南京，经过南京人的改良，已成为南京街头必不可少的时令美食。

　　街头的毛栗子店一开张，不多久，糖炒栗子暖烘烘、香喷喷的味道就传出来了，吃货循着香走走就能看到栗子店和排起长队的咽着口水的同道中人。

桂花糖炒栗子

　　南京的糖炒栗子主要选北京的良乡板栗或者河北的燕山甘栗，个头不是很大，炒出来香软糯甜。个头比较大的河北迁西的红皮明栗比较中看，但是口感就没有上面的两种好吃了。

　　糖炒栗子的做法：将圆砂置锅中，正规的糖炒栗子应该用特制颗粒圆形炒砂、麦芽糖和精制植物油来炒炙。

　　还有一种分布于长江流域和江南各地的锥栗，又称珍珠栗。壳内包着一颗卵形的果实，味同板栗。常常有老城南巷里的老太太，将它煮熟了放篮子里走街串巷叫卖，大人小孩拿着当瓜子一样磕着吃。

秋的味道

丹桂花开鸭儿肥

【水西门】的盐水鸭

麻鸭

  说到南京美食，无论是南京人自己，还是其他地区的吃货，第一个想到的就该是响当当的"盐水鸭"了。南京人最爱也最会吃鸭了。在南京，有无鸭不成席之讲法。如果南京人说自己吃鸭是第二，那么相信全国没有什么城市敢说自己是第一的。

  盐水鸭四季皆有，但以初秋桂花开时最肥美。此时新鸭上市，皮白肉细，鲜嫩异常。《白门食谱》记载："金陵八月时期，盐水鸭最著名，人人以为肉内有桂花香也。"桂花鸭由此而得名。

  老南京喜爱吃水西门盐水鸭，南京人每年消耗的上千万只鸭子，产地有附近的江宁、湖熟、六合、高淳一带到苏北的宝应、高邮、兴化，甚至远至皖北的巢湖、含山。所有的鸭子，都由小船赶着沿江沿河顺流而下，到了南京就由三汊河、秦淮河直达水西门。当时水西门外，鸭行林立，城里的大小鸭子作坊都设在这里，鸭子一到，立马现做现卖，所以这里的鸭子也最新鲜好吃。久而久之，水西门的鸭子就成了老南京口中人人称道的一块"牌子"。

  南京的盐水鸭和传统的腌腊制品完全不一样。正宗的南京盐水鸭，用料要选四斤左右的皮白肉红骨头绿的小"麻鸭"。民间制作有口诀："热盐擦、清卤复、吹得干、焐得透，皮白肉嫩香味足。"好的盐水鸭体型饱满，光泽新鲜，皮呈淡琥珀色，油润而不肥腻；肉嫩微红，骨髓发灰绿，淡而有咸，香、鲜、嫩三者毕具，令人久食不厌。

  南京做盐水鸭的店不计其数，但口味好、排队人多的那老几家，他们的"秘诀"除了腌制技术和用料好以外，都用的是"老卤"。

盐水鸭

【斩】碗儿鸭子

南京人待客，如果家里匆忙没准备菜，一般都是去"斩"碗盐水鸭或者烧鸭。去店里"斩"鸭子也有讲究，一般把整只鸭四分开来，可以"斩"半只，也可以只"斩"其四分之一，可分为两个"脯子"和两个"后座"。

"脯子"就是鸭前身，所以又叫"前脯"，"后座"就是鸭后半身。"斩脯子"要搭一段鸭颈子，"斩后座"要搭半个鸭头。有的人特爱吃鸭头，所以往往就喜欢"斩"后座。整只鸭子一"斩"为二，又分为软边和硬边，"软边"就是从中间剖开时不带鸭脊骨那边，"硬边"则反之。懂的人都要求"斩"软边，既多吃些鸭肉，又不"打秤"，还省钱。

南京最高大上的【盐水鸭】

盐水鸭

话 说最高端的盐水鸭，当属金陵饭店特制的"土豪级"盐水鸭。金陵饭店是南京有名的老牌高档宾馆，是曾经的中国第一高楼、江苏省第一家豪华五星级酒店。金陵饭店出品的盐水鸭，要求极其严格。金陵饭店在高邮有自己专属的麻鸭养殖基地，从鸭子本身品质抓起，得到的全是大小合格当天宰杀的活口。选择鸭胚原料只选 3 斤 8 两到 4 斤 2 两的鸭子，表皮不能有一丝伤痕，没有破损，没有瘀血，没有斑疖，这要求赶得上选空姐了！

金陵饭店一口大锅一次要焐 20 到 30 只盐水鸭，所以额外的一道工序，就是中途要把底下的鸭子翻上去一次，让上层和下层的鸭子总体受热均衡。一只 3 斤 8 两到 4 斤 2 两的鸭子，最后只有 2 斤 4 两到 2 斤 6 两。

美味来自神秘的卤水。金陵饭店的老卤可以说是镇店之宝，据说从民国时期就传下来的，与当年南京盐水鸭厂开办时的老卤是同一锅。老卤中除了盐分外，还有香料、葱、姜和花椒，以及百年以来浸泡过的那么多只鸭子留下的滋味。

细节成就了南京最正宗的"高大上"盐水鸭。

魏洪兴和韩复兴，都是南京知名的百年盐水鸭老店，从清朝开始，一南一北，在城南和城北并驾齐驱，成为驰名南京的金字招牌。

城南魏洪兴 1910 年（清宣统二年）由魏年宝创办于南京。魏洪兴老店在城南黄金市口——大彩霞街 3 号，明档销售，现制现卖，常常供不应求，鸭子一上柜，即被过往路人及街坊四邻抢购一空。

阿眛小时候，住在彩霞街附近，家里临时来客人，眛妈就常带着阿眛拿着一个蓝边碗，到魏洪兴斩一个前脯，回去招待客人。

家门口的城北韩复兴，创办于 1866 年，到 20 世纪 50 年代初，韩复兴在南京已经拥有四家分店。

韩复兴的盐水鸭和普通的盐水鸭相比一是皮肉更嫩；二是选料为瘦型的鸭子，紧实酥烂；三是韩复兴的盐水鸭并不死咸齁人而是淡淡的咸味里突出一股鲜香，让人百吃不厌。

城南魏洪兴 VS 城北韩复兴

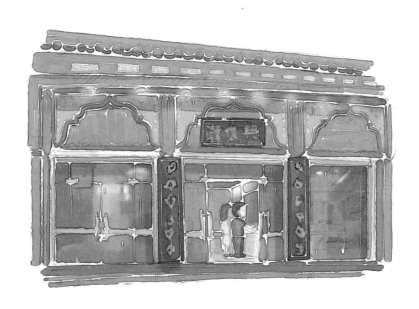

散落老街巷的火爆鸭店

章云板鸭：南京盐水鸭的"街头霸王"，一直在排队，从没被超越。

陆家鸭子：水西门盐水鸭的代表，吃了陆家鸭子，可以不用去其他水西门的鸭子店了。

富强鸭子：长乐路和夫子庙一带的鸭子店霸主，老板可是开着路虎卖鸭子的！

徐家鸭子：徐家鸭子分店好几家，他家的盐水鸭和烤鸭做得都不错，很多客人都是半只烤的、半只盐水的买。阿呆最喜欢吃他家的鸭全套，过瘾！

【烧鸭】的来历

南京的鸭子铺大多兼卖红白两味，红的熏烤，也就是南京的烧鸭，白的盐渍，就是大名鼎鼎的盐水鸭。

一说起"烤鸭"，多数人会提起北京烤鸭，其实要谈起起源，北京的烤鸭还是南京传过去的呢。早在明朝时候，永乐大帝朱棣迁都北京，就把南京的美食"烧鸭"也搬了过去。于是经过多年的演变，成就了北京烤鸭，而南京烤鸭的名气却被盖过了。

烤鸭在南京称为"烧鸭"，是南京传统佳肴之一。南京人吃烧鸭，讲究皮酥肉嫩，肥而不腻，所以南京烧鸭皮脆肉嫩，没有其他地方的烤鸭肥腻。

金陵烤鸭

店里鸭子烤得好不好，看看卖相便可以感觉出来，但卤子对不对味，却非得口舌亲尝方知。南京人喜好小糖醋口味，讲究略甜微酸，鲜咸适度。调制这样的味汁，要下的功夫不比烤一只鸭少。

巴子烧鸭

巴子烧鸭是夫子庙长白街的一家生意相当火爆的烤鸭店，每天门口都有人排队，很多人一买都是一整只，常常不到中午就卖完打烊了。他们家刚出炉的烧鸭香气四溢 非常诱人，在节假日一天能卖出去八百多只。想尝到烧鸭最好的口感就得现买现吃，外皮酥脆，鸭肉软嫩。

过气明星【咸板鸭】

南京板鸭俗称"琵琶鸭",又称"官礼板鸭"和"贡鸭",素有"北烤鸭南板鸭"之美名,是南京地区一道传统名菜,用盐卤腌制风干而成,分为腊板鸭和春板鸭两种。因其肉质细嫩紧密,像一块板似的,故名板鸭。咸板鸭煮熟了有一种很香的咸腊味,用南京话说是有股腊香味!阿槑小时候最爱用咸板鸭下饭了。

随着盐水鸭产销量越来越大,板鸭已经渐渐被其替代了。虽然板鸭主导的时代已经成为过去,但是还是有很多人跟阿槑一样,对板鸭的"腊香味"难以割舍。

鸭子【一身都是宝】

鸭头

鸭脖

鸭舌

鸭心

鸭肝

鸭胗

鸭血

鸭脚

秘制卤鸭头

品尝下头头脑脑

松子香

鸭头和鸭脖子是猂妈的最爱。平常家里斩鸭子，不管是盐水鸭还是烧鸭，搭的鸭头和脖子都是归猂妈。用猂妈的话说，都是活肉，又经啃，吃再多也不会发胖。阿猂哩，每次都会偷偷把又嫩又鲜的鸭脑子挖出来吃掉，害得猂妈直喊小炮子子！

南京人现在流行把鸭头当作菜来卖，而且价格还不菲呢。南京的饭店把鸭头可以拆下下巴，用大料腌制后，放在蒸笼里蒸熟，再裹上蛋清油炸制成美味的美极鸭下巴。还把鸭头劈开，用干锅和花椒、葱蒜烩成美味的干锅鸭头，来满足南京吃货们的胃口。

鸭肠

这里阿猂不得不提一提珍宝舫的镇店名菜：秘制酱鸭头。看似不起眼的鸭头，经过珍宝舫的大厨的秘制酱料的腌制和卤煮后，整个鸭头入味透了，简直酥烂到了骨头。鸭头里残留的卤子冻和着酥烂的肉在口里融化，让人恨不得把整个鸭头连皮带骨头都吃下肚去。这酱鸭头可以算上南京最好吃的酱鸭头，没有之一！用南京人的话说，好吃得不得了！还是啊？

冬瓜鸭舌汤

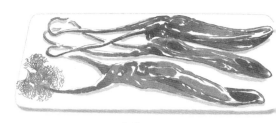

鸭舌

老胡烤鸭舌

那舌尖的一抹娇柔

说到鸭舌，阿霖觉得，那是鸭子身上最精华最好吃的地方。鸭舌的舌尖软嫩肥糯，舌根又韧劲耐嚼，不记得是谁把鸭舌比作"美人舌"，果真是别有一番韵致。

阿霖小时候夏天常常上火，头上害疖子，奶奶就会用几个鸭舌和着冬瓜与海带一起，煮一碗鸭舌冬瓜海带汤，给阿霖吃。连续几天后阿霖头上的疖子，自然就消下去了。

现在阿霖最爱吃的就是老胡烤鸭舌！

说起老胡烤鸭舌，那可是南京烧烤界和黑暗料理界共同的一个传说！

老胡烤的不是鸭舌，而是寂寞，是寂寞，寂寞……一个其貌不扬的小店，全店只有5张桌子，老板看心情开门，一般就从晚上7点营业到10点多。想吃？至少20串起步，但是一般客人基本都是100串200串地点。另外，老胡的鸭舌不是你过来就能吃到的，临时到店的不接待，想吃要预约……阿霖听闻，最早的预约是两个月前……

阿霖用等演唱会的时间和看演唱会的钱吃了一次，味道确实不错，鸭舌腌得很入味，鲜嫩多汁，烤得外香里嫩，一点也没有焦煳。老板却比明星还大牌，距离虽近，人情太远。尝过一次，足矣。

好吃的鸭四件

老南京把一只鸭子的一对翅膀和一对鸭掌单独切下来卖，称为鸭四件。鸭四件可是好东西！奶奶对阿槑说过，那可是"活肉"，小孩吃了会更灵巧，个子也长得高！应此，奶奶常常买了新鲜的鸭四件和毛豆一起红烧给阿槑吃。红烧的鸭四件特别有"劲"，阿槑吃得一脸都是卤子。

爷爷喜欢的却是在立秋以后，将新上市的萝卜切成块，与鸭四件一起炖汤吃。炖出来的汤雪白雪白的，鸭四件上的精华都化在汤里面了。汤里的萝卜吸了鸭四件的鲜味，吃起来糯糯的，像肉一般的口感，没有一丝渣滓。鸭四件萝卜汤既清火又润肺，还能温补经历苦夏的身体。

传统的鸭子店里会把鸭四件做成酱卤和盐水的两种口味售卖，南京人买了解馋，走一路吃一路，就像吃瓜子花生这类零嘴一样自然而随意。遇到足球赛或是奥运会，那么啤酒、鸭四件便是不二首选！

酱香入味的鸭脚包

阿槑爸爸每次去高淳，回来都会带一大串奇奇怪怪的鸭脚。爸爸拆下几个让槑妈洗洗干净放在饭锅里和饭一起蒸，饭熟了以后，这几个奇怪的鸭爪也熟得发出咸咸的香味，大家一尝，好吃得不得了！

全家人爱上了这个又香又有嚼劲的咸货。爸爸得意地说，这就是鸭脚包。

据说鸭脚包本是安徽宣城水阳的特色食品，后经高淳传到用生命去吃鸭的南京，鸭脚包立马被南京人发扬光大了。鸭脚包采用特殊腌制的鸭脚，每个鸭脚的中间裹以特殊腌制的鸭心，外面用特殊腌制的鸭肠缠绕。外观呈琥珀色，晶莹剔透，光泽鲜亮，蒸熟后香气四溢，咬起来很有嚼劲，口齿生津，是一道绝对够味的下酒小菜。

酱卤鸭四件

鸭脚包

盐水鸭四件

97

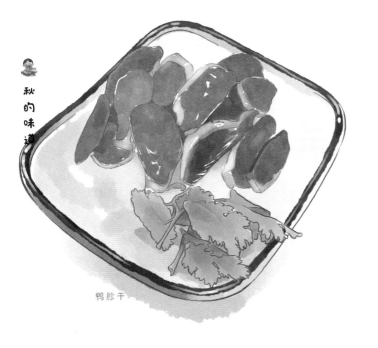

鸭胗干

一肚子的美味佳肴

对于老南京人家来说，鸭子身上的每一个"零件"都是可以做成美味佳肴的原材料。这不，奶奶一大早又买了一些鸭心肝和一把蒲芹。奶奶把鸭心肝洗干净，和切成段的蒲芹配在一起，一碗清香鲜嫩的蒲芹炒鸭心肝就上桌了。

南京的鸭子店将鲜鸭肝用盐水煮熟，当卤菜卖，其实蛮鲜嫩的，但鸭肝口感终究没有鸭子的其他部位好，又卖得便宜，竟然被养狗一族看中，成了南京狗狗的开胃菜。

小贴士

老南京家常菜：
蒲芹炒鸭心肝、清炒美人肝、
青椒炒鸭肠、黄豆炖鸭掌、
鸭血烧豆腐、鸭舌冬瓜汤

鸭肝

大名鼎鼎的【鸭血粉丝汤】

南京人把鸭血称作"鸭盍（huang）子"。早晨奶奶上街买菜，爷爷就会喊："买两块鸭盍子回来烧的吃哦！给阿籴补补血！"

南京人也真是，无休止地对鸭子索取，从皮到肉到内脏，从头到尾，甚至连那一滴滴鸭血都要榨干净，用来做出风靡全国的美味小吃——鸭血粉丝汤。

鸭血粉丝汤是南京的传统小吃，由鸭血、鸭肠、鸭肝、鸭肫等加入老鸭汤和山芋粉丝制成，再加上香菜、蒜花、榨菜末等提鲜，小小一碗粉丝汤，却把鸭的所有精华美味包含其中，让人不由得感叹这些不起眼的东西，南京人竟能将它烧制出如此世间绝味。

阿籴小时候，门口的小摊子，卖的都是鸭血汤，那时候还没有放粉丝。一碗清汤里浮着一些翠绿的蒜花，碗底沉着长条形的暗红色鸭血和一小段一小段的本白色鸭肠，干净清爽。阿籴和小伙伴都会买两块鸭油烧饼就着鸭血汤，吃一顿既经济又实惠的"下餐儿"。

不知何时起，南京街头流行起了鸭血粉丝汤，这鸭血粉丝汤里的内容也越来越丰富，不仅仅有鸭血、内脏和山芋粉丝，而且还加入了豆腐果，配上了油炸锅巴做辅食。这样一来，满满当当的一碗鸭血粉丝汤便可以当作一顿主食了。

鸭血粉丝汤

金秋鲜果满箩筐

南京有两次水果最丰盛的时候，一个是春末夏初，一个是夏末秋初。虽然自产的水果不多，但因为南京是全国南北交通的枢纽，就把水果也给汇聚到了这里。

多子多福石榴果

石榴，汉朝时随着丝绸之路来到了中国，国人看它长得喜庆，果实又多，所以赋予了它"多子多福"的美好愿景，结婚时都会剥开放在喜床上，祈求美满。古代妇女喜欢石榴的红色，恰好当时主要的红色染料是从石榴花提取的，再加上南朝梁元帝的一句"芙蓉为带石榴裙"，让后世把年轻漂亮的女子称为石榴裙，"拜倒在石榴裙下"就这么来了。

果肉吃掉了，果皮也是有用处的，奶奶会把石榴皮晒干，要是家里有人拉肚子，用这个泡水喝见效很快。不过，阿筫提醒，吃石榴的时候别吃螃蟹，会中毒！

青香蕉

石榴

金柑

柿子

柿柿如意

好"柿"成双，"柿柿"如意，在金秋的时节，诱人的柿子怀揣着美好的祝福上市了。每次阿呆呆奶奶总会把柿子放在竹编的框里再端上桌，取个寓意叫好"柿"一箩筐。

以前家里带院子的，多少都会种棵柿子树，阿筫的发小燕子家就有一棵。每到初秋，几个小伙伴就会去燕子家摘柿子。初秋柿子还没熟透，泛着青色，但小孩子牙口好，觉得嘎嘣脆的青柿子别有一番滋味。

如果送柿子一定要送四个，这叫"柿柿如意"。

葡萄

阿槑家的院里，就有葡萄藤。入了八月，金紫的葡萄就挂满了藤蔓。初秋的南京总会遇到秋老虎，到了下午空气透着丝丝的热气，阿槑喜欢拖个竹躺椅，拿把蒲扇，坐在葡萄藤下享受微薄的凉意。

南京有个江心洲，在长江中心，盛产葡萄，现在每年都会举办葡萄节，算是一种秋日的狂欢。

葡萄

冰糖雪梨

梨子和苹果

秋躁烦心，奶奶总会在秋日的下午熬一个冰糖雪梨，清燥润肺。秋天容易着凉，微微咳嗽的时候吃点很容易止咳。现在外面还有用烤箱做的烤梨子，中间挖空，放入冰糖，虽然外表黑漆麻乌，但是甜味不输于蒸煮的雪梨。

南京的苹果有很多种，名字也特别有趣，有"金帅""青香蕉""红香蕉"等，"金帅"就是金黄色的苹果，"青香蕉"和"红香蕉"的区别就在于青的是脆的，红的口感类似于美国蛇果，面面的。到了后来，知名的"红富士"就上市了，又大又甜招人爱。

红香蕉

梨子

烤梨子

和嫦娥姐姐一起吃月饼

【拜月亮】离不开月饼

快到中秋节了，天上的月亮一天比一天圆了。阿槑奶奶开始为过中秋拜月亮做准备了。

老南京拜月亮可是很有讲究的，供桌摆好后，要在其前面摆上斗香，然后在桌子的中央摆上"塔饼"。塔饼就是将月饼一个一个从下到上慢慢码放成宝塔的形状。塔饼放好后，还要配上老菱、柿子、石榴和藕这四样秋果。

广式月饼

苏式月饼

南京的【月饼】

南京常见的月饼分为广式、苏式和本地宁式这三种。

广式的月饼，以火腿、莲蓉、椰蓉、咸蛋黄为主。选料和制作技艺非常精巧，其特点是皮薄松软、造型美观、图案精致、不易破碎。广式月饼在南京著名的有冠生园、大三元和康乐园。南京人以此送给尊贵的客人和长辈，自己家一般是舍不得买来吃的。

大多数南京人喜欢吃的月饼还是以苏式和本地产的宁式为主。苏式的月饼以皮层酥松、色泽美观、口感细腻为特色。南京的小苏州、桃源村以及太平村最为有名，是南京人送亲友和自家吃的首选。

而南京本地产的月饼，多数用于放在供桌上拜月亮。南京的月饼有两款大神级的代表：五仁和椒盐。奶奶每次过中秋都买这两款来做"塔饼"，拜过月亮后，全家人后几天的早餐就是月饼打头阵了。阿槑从小对五仁、椒盐这两款月饼是"深恶痛绝"。

阿槑最爱吃的是街头现做现烤的"小鲜肉"月饼。这种肉月饼比普通月饼小一号，以鲜肉为馅，烤出来外酥内嫩，趁着现出炉咬一口，便有鲜浓的汤汁溢出，热腾腾的满满都是幸福感！

103

菊黄蟹肥好味道

当微凉的北风吹起时，深秋就来到了这座城市。寒露之后，南京城里处处菊花绽放，当大街小巷尽带黄金甲的时候，也正是螃蟹最肥美的季节。

秋风起，【蟹脚痒】

螃蟹，又称大闸蟹，全名是"中华绒螯蟹"，以长江流域的蟹质最好，而长江流域的螃蟹以江苏蟹最佳，江苏蟹里又以固城湖和阳澄湖的大闸蟹为最佳。我们南京人最爱吃高淳固城湖的大闸蟹。每年国庆前后，便是螃蟹的成熟季节，螃蟹们便争先恐后地往岸上爬，蟹脚痒，挠得吃货们的心更痒。

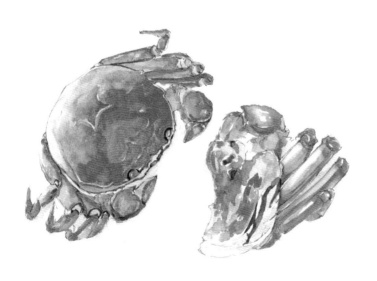

大啖大闸蟹地时节到了！

固城湖大闸蟹的六大特点：
早（上市全国最早）
大（个头大，4两以上的占60%）
肥（肉质饱满）
鲜（蟹肉氨基酸多）
甜（口感好、鲜中带甜）
靓（青背、白肚、金爪、黄毛，红膏）

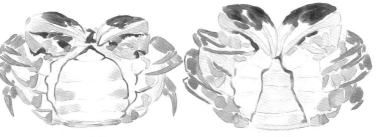

母螃蟹　　　　　　　公螃蟹

蒸螃蟹、吃螃蟹

　　奶奶最擅长蒸螃蟹了。每次在街上都会买几对三两五的母的、四两左右的公的大闸蟹回来，洗刷干净，放在一个大的钢精锅里。奶奶先用大火煮个五分钟，随着锅里螃蟹们的挣扎声渐渐变小，奶奶再用小火慢慢煮一刻钟，鲜亮通红的清蒸大闸蟹就可以出锅了！

　　大闸蟹是凉性的，对胃有一定的伤害，吃清蒸大闸蟹少不了两样——暖胃用的醋和姜丝。阿眯奶奶会选镇江的老陈醋和紫芽姜的嫩姜末调和成醋汁，这与清蒸大闸蟹是绝妙的搭配。

吃螃蟹【秘籍】

阿槑爷爷对吃很讲究，吃螃蟹有一套黄铜制的特别精致的工具"蟹八件"。阿槑也特别喜欢，爷爷说了等以后传给他。

爷爷每次吃螃蟹特别慢，也特别细致，一只螃蟹伴着一杯小酒，慢慢悠悠地可以消磨一个小时。爷爷总是一边听着京剧，一边用蟹八件剥着吃螃蟹，爷爷用螃蟹的大螯拼出了一只蝴蝶给阿槑玩。过了一会儿，爷爷又从蟹壳里剥出了一个"法海"。当爷爷终于把一只螃蟹的肉吃完了以后，一只完整的螃蟹也就拼了出来。

蟹钳做蝴蝶

阿槑吃螃蟹可没有爷爷吃得那么优雅，手上脸上弄得都是蟹黄和醋汁，一股腥味！螃蟹的这种腥味，用肥皂洗是很难洗干净的，但是爷爷有办法。爷爷在院子里摘了些菊花的叶子，放在脸盆里，倒些水泡一会儿，让阿槑在盆里就着菊花叶在手上脸上搓一搓，再在水里洗，没几下，蟹腥味就去掉了！

阿槑吃了螃蟹后，又看到奶奶刚买的鲜红大柿子，正要拿着吃，却被爷爷拦住了。爷爷告诫嘴馋的阿槑千万要注意，螃蟹和柿子不能一起吃，这样会伤肠胃，重了还要进医院的。唉……好吃的螃蟹和好吃的柿子真是两者不能兼得啊。

法海

【蟹黄汤包】谁家强

吃螃蟹，最精华的部分就是蟹黄，人类将蟹黄蟹肉和猪肉结合，做成了天下之鲜——蟹黄汤包。

传说，蟹黄汤包在三国时就有了雏形，是因为诸葛亮为帮助孙权，在做肉馒头祭祀时，制作的人将孙权夫人喜欢吃的蟹肉蟹黄加入馅料，成就了蟹黄汤包的开端。

南京六合的龙袍蟹黄汤包已经有140多年的历史，是清朝朝廷贡品，这得归功于乾隆爷，乾隆六下江南时逢经龙袍，品尝了以蟹黄蟹肉为馅的汤包后，龙颜大悦，百姓们就称这包子为"乾隆汤包"。

蟹黄汤包

秋膘，你好

哇一徒儿呀～

经过了一个苦夏的南京人有入秋"贴秋膘"的习俗，凉爽的秋风一吹，胃口大开，想吃点大鱼大肉，补偿一下夏天损失的营养，这就是所谓的"贴秋膘"。阿槑家也不例外，这段时间阿槑的寡淡的肠胃终于可以解放了。

六合猪头肉

六合【猪头肉】

六合猪头肉

说到吃大荤"贴秋膘"，老爸特地买了大名鼎鼎的六合猪头肉给阿眯解馋。说起来是给阿眯解馋，其实老爸吃的不比阿眯少。六合猪头肉早在晚清时就享有盛名。主料选用南京本地的黑毛土猪，经手工去毛剔骨、沥尽血水、老卤腌制、旺火煮沸、文火焖烂等工序制成。刚出锅的六合猪头肉闻上去喷香扑鼻，看上去红润光泽，吃下去咸甜适中，香醇酥烂，肥而不腻，让人回味无穷。

六合浮桥北老夏家有百年历史的猪头肉制作手艺，已经传到了第七代。夏家的猪头肉每天供不应求，想吃猪头肉不排队是不行的。老夏家猪头肉是六合最正宗的一家猪头肉，每天有很多南京人慕名开车过来买。著名主持人孟非还曾经独家采访过老夏家猪头肉哩。

六合【盆牛脯】

在1915年第一届巴拿马国际博览会上，一群外国人对着一块肉惊叹不已，并将食品类的金奖颁给了这块肉，这就是牛脯。牛脯在隋唐的时候就已经出现了，是一道回族的清真小吃，到了清朝还进了皇宫，成了皇家贡品。

在南京，六合的盆牛脯是最有名的，六合算是回民的聚集地，回民最擅长制作牛肉。之所以叫盆牛脯，是因为制作时，店家会在店门口放一只木盆，盆里放着一层层的牛脯，四周还有厚厚的一层肉冻似的牛脯卤汁，牛脯堆在卤汁之中，有顾客要，就切一块。

六合"常镜记"的牛脯是比较出名的，但因为离市区有距离，阿眯只能偶尔尝到。盆牛脯都是用10岁左右的黄牛做的，用黄豆酱油等各种佐料辅助，做出的牛脯透而不烂，鲜美可口。因为制作这个很费功夫，卫生要求也高，所以大伏天都可以保鲜一周。

六合盆牛脯

东沟【盐水鹅】

东沟盐水鹅

六合除了猪头肉和盆牛脯，还有一个贴秋膘的美味：东沟盐水鹅。南京人喜欢叫东沟老鹅，东沟就是南京六合的一个地名，那里的盐水鹅最出名，而老鹅中的"老"字，说的不是鹅的年龄，而是用来制作的百年老卤。

要做好盐水鹅，首先要鹅好，只用草鹅，而不用吃饲料的肉鹅。因为草鹅吃的是杂粮，肉属于模特版的精瘦型，没有过多的油脂。这样的鹅肉做出的盐水鹅，鹅皮厚而不木，泛着乳白；鹅肉实而不柴，须是黄金的色泽。更重要的是，吃在嘴里，除了简单的咸味和鲜味之外，丰硕的鹅肉和百年的卤子，还能碰撞出类似果木和奶油的香气。

所以，老卤很重要，在东沟很多人家的老卤都有百年历史，而老卤的配料都是秘而不宣的。

江宁【东山老鹅】

前面阿槑介绍了东沟的盐水老鹅，现在阿槑要说的是老鹅的另一种过瘾吃法：江宁东山的红烧老鹅。

　　东山红烧老鹅就是老鹅切成大块和土豆一起混烧。对于喜欢啃大肉的阿槑来说，红烧老鹅绝对是最过瘾不过的美味了。正宗东山老鹅选用的活鹅，都是六个月大的白鹅；鹅小了，肉太嫩，一烧肉就烂了，没吃头；鹅大了则肉柴了，吃都吃不动，还容易塞牙；六个月大的鹅的肉质完全可以满足需要。至于另一主料土豆，也是精选的大个、淀粉含量高、口味甘甜的黄土豆品种。

江宁【大骨汤】

没有味精，却依然汤汁鲜美，这才是江宁大骨汤最王道的地方。每一根猪骨上面都是满满的肉和筋，根根都有骨髓，因为长时间的闷炖，把深藏在骨髓里的鲜美滋味都提取了出来。再用鲜美的骨头汤配上晶莹如玉的大白菜，荤汤浸润过的白菜格外地鲜香。

东山老鹅

大骨汤

清真的好滋味

在南京内秦淮河两岸，有许多回族人在此聚居，由于回族人信奉伊斯兰教，所以在饮食习惯上有很多特色，相应的清真菜馆就逐渐繁荣，也让南京人尝到了属于回族的美味。

在南京的清真馆子规模比较大、名气比较响的有五家：安乐园、李荣兴、绿柳居、奇芳阁、马祥兴。李荣兴和奇芳阁主营小吃，安乐园、绿柳居、马祥兴都是菜馆兼营小吃。

清真馆子为何这么多？

很多人都很奇怪，南京偏居江南，离回族聚居地遥远，怎么会有这么多的清真菜馆？据说源于一句话："十大回民保平安"。

传说明朝开国皇帝朱元璋在打仗的时候，有十大回族的将领帮助他攻城略地开辟疆土，后来朱元璋称帝定都南京，根基未稳，十大将领就跟着他定居南京，由于回族的教义限制饮食，朱元璋对他们特殊照顾，不仅迁徙了一部分回族人来南京，还鼓励他们开办了很多回族餐馆以方便生活。

话说【马祥兴】

"马回民饭摊"

家 里面来人，总要到体面的馆子撮一顿，阿槑一家就经常带客人到马祥兴吃饭，他家算是南京最有名、最古老的清真菜馆。

马祥兴菜馆有 170 多岁了，它的前身是个"荒饭摊"，就是简陋的街边小摊，老板叫马思发，据说 1850 年河南闹穷荒的时候来到南京，在现在的中华门外摆了小饭摊，由于马思发是个回民，所以那一片儿的人都叫他"马回民饭摊"。

后来，马思发过世后手艺传给了儿子马盛祥，小饭摊逐渐发展，有了店面，也更名为"马祥兴"，显然还是"荒饭店"的类型，就是还不上档次。

马祥兴成名是在民国以后，大概 1925 年由做熟食、炒菜之类转为经营整桌的筵席，菜式保留了原汁原味的回族味道，还融入了江南的特色，吃饭环境的提升也让更多名流前往，所以，渐渐地，马祥兴开始在南京出名了。

牛肉汤

蛋烧卖

美人肝

四大"名旦"

　　餐馆要想有名，必须要有几道拿手菜，所以马祥兴的"四大名旦"——美人肝、凤尾虾、蛋烧卖、松鼠鱼，就成了它的招牌菜，也是阿森家请客的必点菜肴，最重要的是别处吃不到，尤其是美人肝。

　　美人肝是一道特别奢侈的菜肴，因为它是用鸭子的胰脏做的，每盘美人肝至少要四五十只肥嫩新鲜鸭子的胰脏。其实，以前南京人是不吃鸭胰脏，都是扔掉的，但有一次，一位客人在马祥兴订了席位，可是正好厨师配不了菜谱，为了"救场"就用了平常弃之不用的鸭胰脏，用鸭油爆炒，并取了优雅的名字"美人肝"，这道菜也就流传了下来。

　　凤尾虾全国都能吃到，但这其实是马祥兴首创的菜肴。据说有个学徒在挤虾仁的时候没挤干净，留了尾部的半截壳没挤下来，结果大厨在翻炒上桌后，觉得红壳白肉更加好看，于是把大青虾全部去头，留尾壳，加鸭油和各种时鲜油爆，爆出的造型像凤凰的尾巴，所以取名"凤尾虾"。

　　说到松鼠鱼，最出名的是苏州松鹤楼，各地也都会仿制，但马祥兴很特别。别处的松鼠鱼都把身切成条柱状，烧成以后很像刺猬，马祥兴则进行了改良——切成菱形，油炸后更加美观，酸甜的口感也更加入味。最特别的是鱼头部分，其他店铺都是整只鱼头，而马祥兴则是把鱼头切半，将鱼鳍竖立，把松树的形态做得更逼真。

　　蛋烧卖，说真的是一绝！炸得金黄薄酥的鸡蛋皮包裹着软萌的糯米，开口处还有一颗超大的虾仁，一口下去，浓浓的满足感。

虾

鼠鱼

粉丝都是全明星

现在饭店想出名，除了口味好以外，还得要名人效应，请名人代言，马祥兴在民国时期碰巧走的也是这种时尚路线。

当时成为马祥兴粉丝的有大批的名流，包括国民政府的高官李宗仁、白崇禧、孔祥熙、汪精卫，当然还有很多驻华的外国大使们，都是马祥兴的铁粉。当年大书法家于右任，还专门为马祥兴提笔写了一副对联"百壶美酒人三醉，一塔孤灯映六朝"，横联"肴有风味"，这等于给马祥兴做了免费广告。国共和谈的时候，周恩来也被宴请来到马祥兴，并且对这里念念不忘，中华人民共和国成立后专门请了马祥兴的大厨到北京饭店掌勺。

周恩来　　　　　　　孔祥熙

孙科　　　　李宗仁　　　　白崇禧　　　　外国人

【绿柳居】的素菜

南京人有个传统,吃素菜要去绿柳居。1912年,秦淮河美丽的桃叶渡旁,一家以全素宴为特色的绿柳居素菜馆开门迎客。

素菜馆当然主料都是瓜果蔬菜菌菇豆制品一类,绿柳居除了素菜素做很擅长以外,绝招就是素菜荤做,就是用素食做出荤菜的感觉,而且有些不仅菜名是荤名,连做出的样子都能以假乱真,甚至连味道都能够和荤菜媲美,用南京话说就是"摆得一沓"。

绿柳居的粉丝团

作为民国的明星店家,很多民国政府的要员在吃惯山珍海味之后,都会来绿柳居解解荤腥,像蒋经国、白崇禧,甚至是蒋介石和宋美龄也会不时点个外卖。

据说张学良被软禁在南京的时候,他的好友有时会从绿柳居等菜馆点菜给张学良送去,其中有道绿柳居的"松子梅花肉"是张学良最爱的菜色之一,为了抚慰张将军的思乡之情,绿柳居的大厨特地用东北的大豆和长白山的松子来烧制这道菜,可谓用心良苦。

素虾仁

素海参

素火腿

秋的味道

素烧鸭

三丝素刀鱼

以假乱真的素味

　　火腿、海参、烧鸭、蟹粉、虾仁……应有尽有，但是前面都得加个"素"，这些都是用素菜做的，像素蟹粉就是用竹笋、胡萝卜、干香菇、鸡蛋、豌豆苗等配合着香料做成，做出来的颜色金黄诱人，和真正的蟹粉几乎一样。

　　绿柳居里最有名的一道以假乱真菜叫"三丝素刀鱼"，据说是绿柳居第一代大厨，也是清朝御膳房御厨陈炳钰流传下来的宫廷菜肴。三丝素刀鱼就是用土豆切泥，再用豆皮裹成鱼身的形状，红椒剪须，做成鱼鳃，茭白做成鱼鳍，红豆做成鱼眼，一条素刀鱼便活灵活现地呈现出来。当然有名的还有很多，"素烧鸭""罗汉观斋""卷轴藏经""极品海王鲍"等，听名字就很诱人。

　　阿籴一直很好奇，为什么简单的素食材料到了绿柳居就能够焕然一新，还能翻出这么多的新花样。素菜缺少动物蛋白质的鲜味，填补这个漏洞，就是素菜荤做的关键所在。查阅资料后阿籴发现，绿柳居的大厨有个把素菜荤做点石成金的秘籍，就是鸡汤。所有的调味都用老母鸡的高汤把控，但究竟真相如何，还得自行品味。

【安乐园】的清蒸菜

南京几家著名的清真馆子开业都很早，安乐园菜馆1920年就建成了，被称之"江南清真第一家"。

安乐园菜馆是老南京人的思念，深受回民老乡的青睐。以前，阿猱爷爷就特别喜欢带着阿猱到安乐园吃早茶，泡一壶茶，点几样小吃或是来一碗葱香四溢的牛肉面。比起马祥兴的高档，这里就显得比较亲民。

菊花脑烧卖

薄皮包饺

作为清真菜馆，安乐园出名从包子饺子开始，牛肉包，豆沙包，蒸饺，都是"皮薄馅香"，一个往往不过瘾。最有名的就是专门应着南京时节做的时令包子和蒸饺，包括马齿苋蒸饺、荬儿菜蒸饺、菊花脑烧卖，这些都只有在当季的两三个月才能吃到，过时不候。

老店里还有一些名菜也是食客们的必点小吃，汁烹牛筋、响油牛柳、三鲜烩鱼肚、香酥牛肉、六色套点等。

虽然安乐园是家老字号店，但却经常推陈出新，比如推出"全鸭席"，有花色拼盘、鸭子火锅、"四喜鸭饺"，而且，一年四季品种皆有不同。

舌尖上的【牛肉锅贴】

牛肉锅贴

———— 说到清真美食，阿槑立马想到的就是南京的牛肉锅贴了。南京的牛肉锅贴是金陵小吃八绝之一，牛肉锅贴以牛肉为主料，用面皮包成饺子后，放入油锅中煎至金黄色后装盘即可食用。

说到牛肉锅贴阿槑就来劲了，这是阿槑最喜欢吃的小吃。一到周日放假，早晨爷爷就会带着睡眼惺忪的阿槑穿过评事街，到七家湾去吃早饭。全南京公认正宗的七家湾锅贴有六家：蒋有记、李记清真馆、李荣兴、草桥、金记、金同记，这些锅贴店阿槑都吃遍了，但阿槑最爱的还是清真寺后面的草桥清真锅贴店的牛肉锅贴。

草桥的牛肉锅贴煎的色泽金黄、脆嫩适中、卤汁饱满、鲜甜诱人，可谓色香味俱全。咬上一口，鲜甜的汁水就顺着舌尖流向喉咙，一点不感到油腻。阿槑特别要说的是，这草桥锅贴的鲜甜并不是放了糖，而是所用的牛肉新鲜，带着天然肉质的本味。

吃完丰盛的早餐，爷爷带着肚子滚圆、心满意足的阿槑要回去了，顺便切了些"牛肉巴"带回去做午餐的下饭菜。

牛肉巴："牛肉巴"是老南京的土叫法，正式名称是熏牛肉。特别是七家湾的"牛肉巴"那是远近有名的。

牛肉对开：回族人称水饺为扁食，牛肉对开就是一碗牛肉汤里有一两牛肉扁食和一两"牛肉巴"。

牛肉汤

李记清真馆

　　距草桥清真锅贴店旁几十米，还有一家大名鼎鼎的李记清真馆，据说是"李荣兴"的后人开的。1914年"李荣兴牛肉店"在七家湾与甘雨巷的丁字路口开业，每天凌晨宰牛，宰活卖鲜，卖完牛肉，餐馆就开始卖各样清真小吃，牛肉锅贴、牛肉煎包、牛肉汤，一天三市，回汉两族顾客络绎不绝。如今的"李荣兴"叫作李记清真馆，卖各样清真小吃，牛肉锅贴、牛肉煎包、牛肉汤，老味道从来就没有变过。

牛肉面

牛肉粉丝

121

朝代交替更迭，菜肴也在推陈出新，民国时期可谓是金陵菜的一个巅峰阶段，这里的民国菜，指的是 1912 年至 1949 年这一特定历史阶段内，富有特色、风靡一时的各种菜肴的总称。虽然有些已经失传，但是还有不少仍在传承。本篇阿槑就来和大家韶韶，民国的那些美味佳肴。

聊聊几道民国菜

民国，一代"金陵厨王"胡长龄，在这个时期独创出"香炸云雾""荷花白嫩鸡""松子熏肉"等众多南京民国名菜，吸引了大批名人政要的味蕾，周恩来、蒋介石、孔祥熙、蒋经国都是南京菜的铁杆粉丝，即使他们相继离开南京，但是对这里的金陵大菜还是念念不忘。

炖菜核、清炖鸡孚、瓢儿鸽蛋等都是民国菜的精髓。其中，炖菜核是"金陵厨王"胡长龄独创的菜色，阿槑直白点说就是青菜炖肉，讲法虽俗，但做法讲究。

这炖菜核选的青菜一定要用南京城西南隅万竹园种的"矮脚黄"，据说这地方因为当年朱元璋的大脚皇后马娘娘在这里看到一只凤凰飞入万竹园中，于是这里就成了风水宝地，种下的青菜也与众不同。

作为民国首脑的蒋介石，还爱吃一道家庭私房菜——酒酿大虾。据说蒋介石爱吃虾，但口味清淡，所以当时蒋介石在南京主政期间，夫人宋美龄用南京本地的桂花做成酒酿，制成酒酿大虾，肥美的大虾咸鲜中透着酒酿的清甜，绝对是人间的上品。

张少帅与小牛肉

少帅张学良在南京期间，胡长龄主理了四桌南京餐饮档次最高的"燕翅双烤席"，张少帅吃完赞不绝口，可惜张学良就吃过这一回，第二年西安事变爆发，再后来他就被软禁起来了。还好美丽的赵四小姐不仅是个好伴侣，还是个好厨师。赵四小姐常给张学良做的这道菜叫作"红酒橙香小牛肉"，嫩口又不失劲道的小牛肉里，渗透着红酒和鲜橙的香味，配合着赵四小姐不离不弃的暖暖深情，绝对是少帅在被囚禁期间的一剂良药。

现在要想品尝到比较正宗的民国菜，只有到一些有传承手艺的店里才能吃到，比如南京食朝汇。南京食朝汇的清炖鸡孚、红酒橙香小牛肉算是南京一绝，简直是吃货们的福音！

红酒橙香小牛肉

炖菜核

蒋公私房酒酿大虾

民国清炖鸡孚

冬

的味道

阿要辣油啊

南京的冬天就一个字：冷！再加上南方湿度大，更显得南京冬天的潮湿阴寒。在这样令人难以忍受的环境里，喝一碗热腾腾的辣油馄饨，绝对辣得浑身舒畅。

喝馄饨

很多人都会问阿枭，南京的馄饨怎么能用"喝"这个动词，其实喝虽然夸张了点，但也确实反映了南京小馄饨的小、精、嫩。

南京馄饨之所以要用喝，是因为不同于别处馄饨的肉多皮厚，南京馄饨吃的是皮，至于肉嘛，就是锦上添花的。所以包小馄饨的面皮一定要够薄，但又不失韧劲，不然馄饨下锅就会破了。

到一家老南京的馄饨店，你就会看见老板娘手脚灵活，一手持筷，一手捧皮，对着装肉馅儿的碗，一刮一抹一裹一扔，动作一气呵成，嘴里还不忘对客人豪爽一吼"阿要辣油啊"？馄饨下锅后，面皮被烫的晶莹透亮，入口Q弹爽滑，只要咀嚼两口就可以"喝"下去，面汤用特别熬的猪骨高汤调制，放入翠绿的蒜花、虾皮、榨菜末，味道鲜美无比。

阿要辣油啊

　　说到南京的小馄饨，就会想到一句著名的南京话："阿要辣油啊？"南京小馄饨的特殊之处，可以先从辣油开始说起。辣椒其实是从明朝末年传入中国的，从浙江一路传到南京。南京的辣油开始出名，阿槑查了资料发现，最早的记录能够追溯到 20 世纪 60 年代，在秦淮河畔有一家馄饨店，他家的辣油被称为"城南一绝"，用的是熟猪油和干的红辣椒调制成的固态辣油。由此也能大概知道，老南京最正宗的辣油得是干的，要吃的挖一勺子放馄饨里。好的辣油不会只辣在嘴上，而是辣到心里，让你吃到汗如雨下还想要再喝一口通红的馄饨汤。

　　阿槑很小的时候，馄饨都是挑着担子卖的，一副扁担挑子，上面架着一口铁锅，底下是用来烧火的柴木。有时候来不及做早饭，槑妈就会拿个小锅，到外面打一碗馄饨给阿槑当早饭吃。

　　"老板来碗儿馄饨！"

　　"阿要辣油啊？"

　　"过（放）一得儿。"

　　"好哦，等刻儿哦。"

挑着担子，走街过巷。

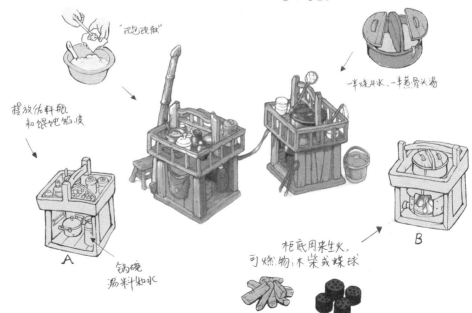

"现包现做"

提放佐料瓶
和馄饨的皮

一半烧开水、一半煮骨头汤

钠碗
汤料和水

柜底用来生火，
可燃物：木柴或煤球

喝馄饨的
"干稀搭配"

南京人吃东西有个习惯，就是补充式的搭配：硬的就要配个软的，吃稀的就要搭个干的，这样才能用一样衬托出另一样的特色。所以南京人喝着汤汤水水小馄饨的时候，喜欢配着刚出炉的香气四溢、沾满芝麻、金黄酥脆的鸭油烧饼。

往往一碗馄饨，加上两块鸭油酥烧饼，一顿饭就圆满解决了！

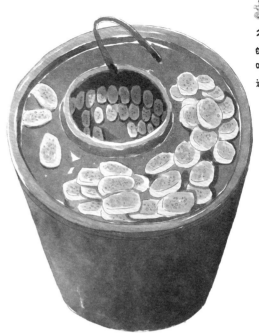

鸭油烧饼

美味的汪家馄饨

南京最有名的馄饨店是汪家馄饨，没有之一。阿渠每次去远远就瞧见两行长长的队伍，一队买馄饨，一队买烧饼，他家就没有不排队的时候。汪家馄饨有三家门店，汪家三个兄弟各管一家，来凤小区这家老板是个型男，一身肌肉，留着一头贝克汉姆式滴"莫西干发型"，臂膀上的文身霸气侧漏，一直是所有目光的焦点。这个老板下馄饨很有范儿，大手一挥，非常帅气熟练地把出锅的馄饨分毫不差地倒在面前一大堆碗里，与其说老板在下馄饨，不如说老板是在表演杂技。不过，他家的馄饨和南京传统的柴火小馄饨不一样，属于个大饱满型的，辣油很辣，味道嘛，天天排队自然是很来斯。

包子的故事

北方的包子像将军，从面皮到馅料都透着实在感，而南方的包子更像是一位官家小姐，精致细腻，花样繁多：鸡鸣汤包、牛肉汤包、金陵大肉包、细沙包、什锦菜包……

现在就让阿槑带你听听关于南京包子的故事。

【汤包】与【小笼包】

我是小笼包

我是汤包

民间有句俗语"包子有肉不在褶上"，这是形容有钱人财不外露。汤包和小笼包就是这样，隔着薄薄的面皮，能隐约看见肚子里的货很扎实。

南京人最开始吃的是小笼包，汤包是从上海苏州传入南京的，虽然两个品种内涵很像，但外表却不一样。汤包是封口朝下，像一个滚圆的乒乓球，叫作"肥肥大大，肚脐眼朝下"。而南京的小笼包开口朝上，有褶子。

无论是小笼包还是汤包，在笼屉中央都有个小碟儿，用筷子拣出，放上醋，八个软软的小笼包围着小碟趴在袖珍的笼屉中，薄薄的面皮中裹着香浓滚烫的肉汁，和分量十足的猪肉馅儿。吸汤包有12字真言："轻轻提，慢慢移，先开窗，后喝汤。"意思是小心地用筷子夹住汤包两边，轻轻提起，用勺接住，然后咬个小洞，这是技术活，因为这洞不能过大，大了汤就会漏出来，也不能太小，不然汤吸不出来。等吸尽汤汁，就让肉馅蘸点陈醋，再一口吞下，让汤汁肉馅充满口腔，甜中带咸、咸中带鲜！

在南京，最有名的汤包店是鸡鸣酒家，但已经拆掉了，当年为吃个汤包排一两个小时的队是常事。以前吃汤包前要先买"非子"，就是类似于现在的等号牌，塑料、铝质、竹制各种材质，上面会写上几两，有的会写菜品。

每次吃汤包，阿眯也很喜欢随汤包附赠的"鸡汤"，其实是把摊薄的鸡蛋饼切成丝，放在汤中，加上姜丝葱花，正好可以解除汤包的荤感。

汤包

小笼包

鸡丝汤

【金陵大肉包】

金陵大肉包

金 陵饭店的金陵大肉包，在南京肉包地界上可以算是坐在头把交椅上，从20年前开始，金陵大肉包就以"巨头"称霸南京肉包界，加上它殷实的背景，可以说是"高富帅"。

金陵大肉包的肉馅儿如果你整块取出，你会发现它是"秤砣"状的，很实在，不像其他的肉馅儿扁平化。金陵大肉包用的都是猪的前腿肉，搅烂后还要人工再搅拌，所以肉馅儿扎实。

虽然肉馅儿出名，但其实它的包子皮也很筋道。金陵大肉包是在1997年推出的，阿槑全面见证了它从1.2元涨到了4.5元，从"大宝"变成"爱马仕"的历程，日后是否还会调整仍是个未知数。

美食地址：新街口金陵饭店群楼花旗银行楼下负一层

安乐园【牛肉包子】

安乐园是南京有名的清真馆子，从1920年开门营业以来，已经近百岁了。安乐园有两大出名的包子，牛肉汤包和细沙包。

牛肉汤包的概念和小笼包一样，只不过馅儿料换成了牛肉。安乐园的牛肉选的是牛腿肉或牛身上的"辣椒肉"，但要让牛肉嚼起来更劲道，还加入焖煮3小时的牛筋肉。牛肉汤包的面皮和小笼包同款，都是晶莹剔透的薄皮，精致的褶子如花蕊在顶端绽放。

另一个明星包子是细沙包，大众叫法是豆沙包。之所以称之为细沙包，是因为用去皮的红豆做出的豆沙馅儿细到可以流出来，阿妹吃过那么多豆沙包，只有安乐园的豆沙馅儿能做成这般惊艳。

美食地址：新街口王府大街138号清真安乐园菜馆

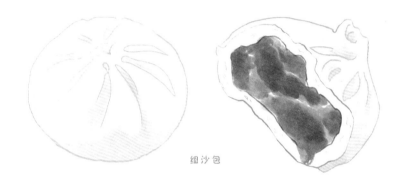

细沙包

轻轻提，慢慢移

先开窗

后喝汤

不然会烫口

小贴士

吃汤包的步骤(图)

包子中的【翡翠】

青菜加香菇或许是如今菜包世界的馅料主角，而绿柳居的素菜包在平凡的道路上走出了不平凡，馅的用料特别突出了江南的特色，矮脚黄青菜、香菇、笋、豆腐干、金针菜等十几种原料。阿眯听说，这素菜包的配方也很有来头，传说是清朝最后一个状元——张謇，在一座江南寺庙里偶然得到，后来配方流传至绿柳居素菜馆，并命名为"绿柳素菜包"。据说孙中山先生品尝过同款，甚是喜爱十分推崇，随后这素包就开始风靡南京城。

素菜包

最迷你的小包子

鸡鸣寺内的百味斋，作为正宗的寺庙素斋馆，自然别有一番功夫，既然口味上比较难突破，那么就从外观上来个大反转。鸡鸣寺的菜包完全突出了"小而精"的概念，每个菜包只有乒乓球般大小，阿眯每次基本一口一个。

鸡鸣寺小菜包　　　　　　　　　　　　素菜包

用吸管的

【蟹黄汤包】

蟹黄汤包

蟹黄汤包，以顶级的用料和独特的吃法成了包子界的钻石王老五。南京有名的蟹黄包有好几家，最有名的算是六合龙袍的蟹黄包，已有近200年的历史，每年还会举办龙袍蟹黄汤包美食文化节，有车的朋友可以自驾而去。南京市区也有几家比较有名，像鲁氏汤包王、苏亦铭蟹黄包等都是不错的选择。

135

冬的味道

腌菜的时节到了

快到小雪了，一年一度的盐腌菜时节到了。趁着大晴天，邻里街坊家家户户都把买来的大青菜和雪里蕻靠在墙边、窗台或挂在竹竿晒上两天太阳，让腌菜稍微干一些。

老南京对盐腌菜有讲究的，说要手"好"的人才能腌出好吃的腌菜；如果手"糟"的腌的腌菜必然不好吃，更差的还会让整缸的腌菜烂掉。骉妈的手就是传说中的腌菜"神"手。

骉妈每次腌菜都有两个得力的帮手——阿骉和奶奶。在腌菜的前两天，骉妈就把家里的一个大缸和一个小坛子洗得干干净净。大的缸是用来腌大青菜的，小的那口坛子则是腌雪里蕻用的。

南京人用腌菜做的美味

　　腌菜之前，阿槑奶奶把每棵大青菜的菜心摘出来，用麻绳扎成一串，挂着朝北的屋檐下风干。快到了春节时，将菜心洗净烫一下，切成小段，加以花生米和虾皮，再浇上上好的小磨麻油和糖醋，鲜美绝伦，用来给爷爷下酒。这就是老南京人家的至鲜之味——拌菜心。阿槑每天早晨吃早饭也会馋兮兮的缠着奶奶弄一小碟下饭。

　　槑妈用粗盐把所有的菜细致均匀地码一遍，一层一层整齐地放在缸里，最后用一块大青石压在上面，把缸口封好。隔几天打开翻动一次，并加入碎生姜末，约一个月后，当腌菜散发着扑鼻的菜香味和黄亮的光泽时候，腌菜就腌好了！

　　这两坛腌菜便是阿槑家未来几个月的烹调必不可少的美味！

雪里蕻冬笋丝肉丝

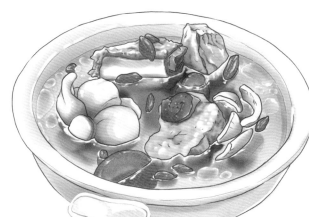

腌菜头排骨汤

腌菜烧小鱼

香肠与香肚

快到大雪了，阿槑家里开始筹备腌咸货的采购了。奶奶一早就去菜市场张罗着买肉、绞肉灌香肠了。香肠，是南京人最喜爱的必备年货之一。奶奶总是说："自己家灌的香肠实在又干净。"

而香肚加工要求则比较高，一般菜场的肉摊上是不做的。想吃香肚只有去长江南北货商店买了。

南京的腌腊制品以香肠和香肚最有名，自清朝同治年间起就名扬全国。在两江总督端方创办的南洋劝业会上崭露头角，获得大奖，从而远销海外，驰名国际了，只可惜后来南京盐水鸭的名气太大，风头被淹没了。

老南京灌香肠，选的都是本地产小个头的黑毛猪。以猪前腿和猪身相连的夹子肉灌香肠的口味最柔和。夹子肉的肥瘦比例为 3:7。如果瘦肉太多，吃起来会太硬，就塞牙了。就是南京本地，不同地区灌出来的香肠也有不同的口味差异。

香肠

香肚

香肚源自"周益兴"

　　香肚，老南京俗称为"小肚"，是南京特产之一，南京最有名的香肚当选清朝的老字号"周益兴"。周益兴的香肚形状如圆圆的鸭梨，皮薄有弹力，不易破裂，肥瘦搭配为四六，红白分明，香嫩爽口，略带甜味，所以南京人又给它取了个"冰糖小肚"的雅号。香肚因选料质优、腌制精细、上口鲜香，久嚼之后有甜津津的回味，仿佛加了冰糖一般。

　　阿槑听爷爷说 1952 年玄武湖举办南京土特产品展览会时，展厅门口有少量食物展品供参观的人品尝，周益兴的香肚片就特受欢迎。当时有人刚过玄武门就急嚷着："快走！迟了吃不到香肚了！"

　　早在清代袁枚老先生的《随园食单》就有过记载："周益兴铺在彩霞街，八十多年，专制售小肚，闻名大江南北。"阿槑家就住在彩霞街附近，听爷爷说，周益兴的老板周听松先生是一个很有文人气息且做事认真的生意人，对质量要求很严。可是到了 1950 年代以后，公私合营，香肚大批量生产，选料不求精，加工更是毛糙，质量下降，几不能和往日相比。周益兴就此歇业了。

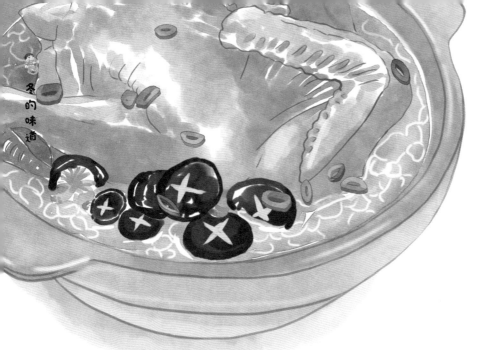

冬的味道

一九一只鸡

鸡汤

南京入冬，常常是一天就从深秋跌进了寒冬，没有什么道理可言。冬至一到，寒冬的帷幕就会毫不犹豫地拉下来。

冬至一大早，奶奶就去菜场买了一只三年左右四斤多重的黑色脚、棕黄毛油光闪亮的老母鸡。奶奶说这是乡下家养的土鸡，吃糠吃虫子长大的，最补了！老南京有个传统："冬至一九一只鸡。"从冬至开始，入每一个九，都要吃一顿老母鸡汤。鸡肉是暖性的，冬天吃鸡肉可以驱寒气，一家人喝鸡汤、吃鸡肉，以肥美的鸡肉鲜浓的汤进行冬补，整个冬天身子都不会冻坏。

俗话说"冬至大似年"，老南京人流传下来这鸡汤的炖法可是特别有讲究。奶奶把母鸡宰了放干净血，拔毛洗净后挂到通风的地方，还特意要把肚膛用细竹篾子撑开，吹上一两个小时，沥干表面和肚膛里的水分。然后烧一大锅热水把鸡放进去过个水，将血腥味和浮沫漂走。将这一锅水倒掉。奶奶将洗净泡好的香菇塞进老母鸡的肚子里面，重新放一锅冷水，将生姜片、扎成结的葱和老母鸡一起放入锅内，用小火慢慢煨，开始真正地炖鸡汤。

鸡腿面

　　时间慢慢地过去，鸡汤的香味渐渐的飘散出来，馋嘴的阿枭就控制不住自己了，想偷偷打开锅盖闻闻香。奶奶急忙打开阿枭的手，说盖子不能开，开了就"跑气了"，烧出来的鸡汤就不香了。等鸡汤开了，锅盖子发出"卡愣卡愣"的响声，奶奶便将火关掉，焖个十分钟，如此反复四五次，放盐后，再用大火把鸡汤烧开，一锅喷香扑鼻的香菇鸡汤便烧好了！

　　一锅老母鸡汤，阿枭一家人要吃上两天左右。这两天早晨，奶奶都会用鸡汤下面给全家人当早饭。金黄的鸡汤配上细细的银丝挂面，浇头是一撮鸡丝和榨菜丝，面汤里飘着碧绿的蒜花，把人的馋虫都勾出来了！奶奶还偷偷地在阿枭的面里埋了一个鸡腿，这碗鸡汤面吃了，一整天都暖暖的，上班上学都有精神！

青菜豆腐

　　奶奶还会留一部分鸡汤用来烧青菜、豆腐。

　　南京人过冬至除了吃鸡汤，还要吃青菜烧豆腐，坊间有冬至吃青菜豆腐保平安的说法。南京冬天有一种小颗的青菜，叫"矮脚黄"，叶多梗少，非常肥嫩。用鸡汤来炖老豆腐和矮脚黄，豆腐和青菜都吸收了鸡汤的鲜味，特别可口，连平常不吃蔬菜的阿枭都爱吃。

　　整个冬天，每次进九，奶奶怕阿枭吃腻了，都会换着食材去炖鸡汤，什么香菇鸡汤、山药鸡汤、口蘑鸡汤啦……其实奶奶的顾虑是多余的，只要是鸡汤，阿枭都是百吃不腻的。

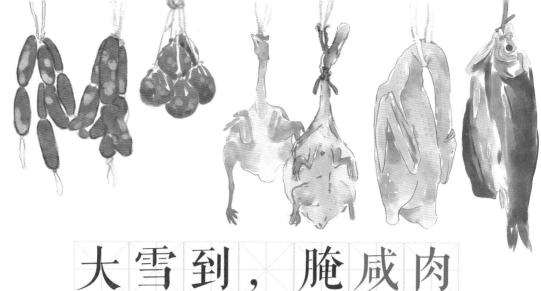

大雪到，腌咸肉

俗话说得好，"小雪腌菜，大雪腌肉"。大雪快到了，老南京人家家户户都会忙碌起来，纷纷张罗着风鸡、腌咸鱼、咸肉、咸鸭、咸鹅。阿珠家也不例外，刚刚结束腌菜工作的珠妈、奶奶又开始操办着腌咸货的工作了。

奶奶这次买了两条大鳡鱼、一条"翘嘴白"（白鱼的一种）和十斤猪肋条肉，又买了两只肥壮的雁鹅和一只绿头鸭以及一只两斤重的小公鸡。奶奶负责开膛破肚放血擦干（切记是用干净的抹布擦干净，不能用水洗），并码上椒盐。珠妈则负责将食材放在缸里压紧。第一步便完成了。

接下来的半个月里，珠妈的任务就是每隔四五天把咸货翻个身，把渗出来的水倒掉，然后放在朝北背阴的地方去风干。如此过了一周，这些咸货便可以做成美味佳肴进入阿珠的肚腹啦。

咸货吃的时候需要用淘米水浸泡个几小时，这样蒸煮出来的就是南京人过冬天最常吃最美味的腊味。

咸肉一般在煮饭的时候，切个一块，削成薄片放在小碗里，在饭锅中蒸熟，则一锅饭都有咸肉的腊香味。咸肉再与笋片、蹄髈一起炖，那便是苏南的名菜"腌笃鲜"。另外咸肉和河蚌、豆腐在一起，便是好吃的咸肉河蚌豆腐煲。

咸肉腌制过程

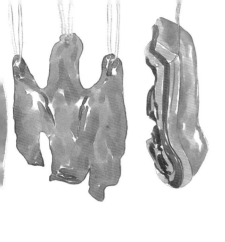

风鸡

别样特色
的风鸡

奶奶买的那只大公鸡可不是用来做咸鸡的，它是要成为另一样美味——风鸡的。风鸡的做法和腌咸鸡不一样，是将大公鸡放血沥干后在鸡翅下或肛门处开一个口子，将所有内脏和嗉嚢全部清除并剐去肛门，然后将花椒和大籽盐放入鸡的胸腹腔码均匀。都抹好后，把鸡头插入翅下刀口，再将两翅两脚合拢起来，在刀口以前处，用麻绳把翅腿捆扎紧，吊到背阴风凉处风干，一个月后就可以食用了。

奶奶最爱做的菜就是手撕风鸡。将风鸡毛全部除净，用温水洗干净，然后放在蒸锅里蒸熟，用手将鸡肉撕成鸡肉条，并在鸡肉上淋上小磨麻油和花椒油调成的辣油，一盘让人垂涎欲滴的手撕风鸡就大功告成啦！

腊月初八喝粥啦

又 到腊八了，南京的各大寺院都会向老百姓施舍腊八粥。

腊八去寺庙领腊八粥是很多南京人的习惯，因为腊八是中国佛教的节日，传说农历腊月初八是释迦牟尼成道日，所以在这一天，佛门弟子举行诵经，并取香菇熬粥供佛，取名"腊八粥"，后来这一习俗就在民间流传。

腊八这天一大早，奶奶都会带上阿猋，去位于汉府街的毗卢寺领粥，奶奶说这是"佛粥"，喝了后可以得到佛祖的保佑，保佑来年吉祥、平安、健康。

腊八粥

阿磊一边喝着腊八粥，一边听奶奶说另一个关于南京腊八粥来由的传说。说是明朝开国皇帝朱元璋小时候家里很穷，给一家财主放牛度日。有一天牵牛走过一座独木桥时，牛一下子滑跌下了桥，腿摔断了。老财主气急败坏，便把朱元璋关进一间房子里不给饭吃。朱元璋饿得不行的时候，发现屋里有个老鼠洞，里面有米有豆，还有红枣。他把这些东西合在一起煮了，觉得很香甜可口。后来朱元璋当了皇帝，为了居安思危，铭记当年被关进房子忍饥挨饿的痛苦经历，便叫御厨熬了一锅各种粮豆混在一起的粥，并分给子女吃，让他们明白江山来之不易。吃的这一天正好是腊月初八，因此就叫"腊八粥"。

无论腊八粥的来历是什么，阿磊对腊八粥的滋味还是很喜欢的。

以前的腊八粥其实没有那么多的原料，除了糯米外，就放了枣栗果仁等，发展到后来，赤豆、莲子、白果、花生、银耳等都加了进来，毗卢寺到现在腊八粥里的食材已经达到近四十种。成了南京的一大特色。

阿磊至今还保留着腊八这天去毗卢寺领腊八粥的习惯。阿磊不仅记得腊八是佛祖的得道日，是喝温暖可口腊八粥的日子，还记得腊八后的一天，是他最爱的奶奶的生日。

备年货，过大年！

—— 进腊月，各家各户要开始准备置办年货，基本上全家出动，开始淘货的节奏。

南北货商店买年货

以前南京城里淘年货最热闹的地方就数长江路上的"长江南北货商店"和三山街的"金陵南北货商店"，全国的土特产在里头都能买到，各种瓜果炒货海鲜、腌腊糟醉酱、糖烟酒茶奶粉罐头，柜子、墙上挂的都是。我们小孩儿就喜欢乱窜，勾着头扒着柜台望，逛店跟淘宝样，看啥都新鲜，对于吃货来说，那简直就是天堂。

老南京的年货
自留款

交切糕、寸金糖、云片桃酥花生酥、柿子饼、糙米糖、瓜子核桃蜜三刀，大白兔、牛皮糖、山楂、巧克力……现在这些都不稀奇，但以前是阿槑还有小伙伴们最喜欢的零食。最开始家里会拿小盘子分类装好，后来有了分格子的塑料食盒，分样摆好，特别漂亮！

过年时，家里会买些饼干当零食，最常买的就是葱油味的"万年青"，散装买回来就放在方形的铁皮桶里，小孩指甲抠不开盖子，就用铁剪刀撬。槑妈总把饼干桶放在高的地方，防止阿槑偷吃。

老南京的年货送礼款

和现在一样，过年就得送礼，见长辈少不了烟酒，一条或几包大前门或是牡丹、红双喜，外加两瓶洋河大曲或汤沟，这礼送得就已经算有档次咯！要是像万宝路之类的外烟，得有点儿家底才行。在南京，女婿见丈母娘，还要备点桂圆干或者柿饼、蜜枣、荔枝干等，养颜美容的干货，用来讨好两位女王大人。

当然，不能忘了那个年代的明星产品，麦乳精、水果罐头、蜂王浆、可可粉，这些可是当年的轻奢品。

以前的膨化食品也就是炸炒米和爆米花，那时候都是自己带原料，阿槑每次都会抓一点玉米，到炸爆米花的摊子前炸爆米花。

摊主有时还会将炒米粒用白糖裹成乒乓球大小的团子，南京人叫"欢喜团子"，吃进嘴里嘎嘣脆。

炸出来的炒米还可以让老妈做个"鸡蛋泡炒米"，就是用热糖水泡着炸好的炒米粒，再打个溏心蛋，那甜丝丝的味道，真是甜到心里……

阿槑家的年夜饭

十全十美的"什锦菜"

再过两天就是大年三十了，作为南京人过年期间必不可少的一样菜，不是大荤大荤鸡鸭鱼肉，而是美味可口的"什锦菜"。奶奶这几天去菜场把炒"什锦菜"的所有原料都配齐了。"什锦菜"讲究的是至少十样素菜"十全十美"，如果种类越多则越好。不过最终的目的还是味道好吃，上桌漂亮，讨个口彩。

阿槑家的"什锦菜"是由嫩菠菜、香芹、荠菜、木耳、金针菜、藕、千张、黄豆芽、豆腐果、胡萝卜、雪菜、冬笋、慈姑、香菇、酱瓜、秋油干共十六样组成。按奶奶的说法，一年就这一次的，要花样多些才好！南京人还真实在，对炒"什锦菜"的称呼就是炒"素菜"，称呼没有一点花哨。而这"什锦菜"里这许多的菜类其实很有一些说法和门道的。

什锦菜

芹菜－勤劳

干子－平安是福

豆芽－吉祥如意

木耳－扣扣美美

荠菜－聚财

千张－百依百顺样样顺

胡萝卜－黄金万两

　　在颜色的搭配上，奶奶也特别注重，总是说绿色菜为主；红色的胡萝卜一定要红红火火嘛；黄的也不能少，招财哎；黑的木耳或香菇与白的藕片搭配，象征黑白分明。这五色也代表了五行平衡，缺一不可。

　　每年腊月二十九晚上，眔妈最重要的工作就是炒"什锦菜"。这可是个体力活，眔妈把奶奶择好的绿叶菜全部洗干净，把千张、秋油干、胡萝卜之类全部切成细丝，然后一样一样下锅全部炒熟。奶奶准备好两个新脸盆，眔妈把炒熟的素菜一起倒在脸盆里，用筷子搅拌均匀，然后放在阴凉处晾凉，再淋上小磨麻油，美味爽口的"什锦菜"便大功告成了！

　　眔妈最引以为豪的就是自己的"什锦菜"，常常拿着蓝边碗舀上一碗，让阿眔送给街坊四邻尝鲜，顺便满足一下小小的虚荣心。南京人讲究礼尚往来，不能空碗回的，不是回了两个欢喜团开开心心，就是放上一把奶糖、蜜枣甜甜蜜蜜，这些就都便宜了阿眔了。看似蛮多的"什锦菜"，分一分就没多少了，后面又要省着吃了。

　　正是因为这十全十美的"什锦菜"的吉祥寓意，曾经的民国"第一夫人"宋美龄在除夕餐桌的菜点中，特别指名要绿柳居素菜馆的"什锦菜"。

聚财的蛋饺

腊月二十八了，离大年三十还有两天了，奶奶就要抓紧时间包蛋饺了。蛋饺是南京人年夜饭桌上必不可少的一道家常菜。老南京一般把蛋饺用糖醋收汁和荠菜烩一下，上桌的便是荠菜烩蛋饺。这个菜不但味道好，而且从形状上看，金黄的蛋饺就像一个个饱满的金元宝，放在谐音"聚财"的荠菜上面，这是多讨喜的一道菜啊！

　　蛋饺好吃，做起来却挺费工夫的。奶奶总是到晚上其他事情都忙完了，把煤炉拎到堂屋里，一边做蛋饺，一边看电视。

荠菜蛋饺

蛋 饺 制 作 流 程 图

热锅

擦油

倒蛋液

奶奶先把十几个鸡蛋打在一个大的搪瓷缸子里，用筷子搅匀了。接着用一个特制的汤勺，用猪油在汤勺内部擦一遍，用调羹舀一调羹蛋汁放在汤勺里一转，一张圆圆的蛋皮便摊好了。别看蛋皮摊起来挺容易，这没有几年的工夫可是练不好的。接着奶奶麻利地用筷子挑起一团肉馅，往蛋皮中间一放，两边一合，一个黄澄澄的蛋饺就做好了。

做一大碗蛋饺要大半天，奶奶把多出来的蛋皮切成细丝，留着第二天早晨做个紫菜蛋皮馄饨给阿枭当早饭。

这样的蛋饺其实是半成品，里面的肉都是生的，不能吃。奶奶将蛋饺放在通风的地方，要吃的时候拿一些或放火锅，或烧杂烩吃。

张爱玲在小说《半生缘》中就提到过："饺子、蛋饺都是元宝。"过年不吃它能行吗？

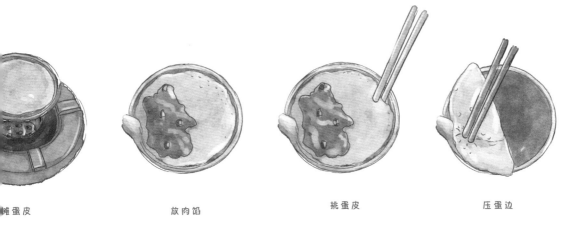

摊蛋皮　　　　　　　放肉馅　　　　　　　挑蛋皮　　　　　　　压蛋边

151

冬
的
味
道

熏鱼

好用青鱼做得
熏鱼

南京人过年饭桌上必须有鱼，所谓"年年有余"，而且"余"越多越好。南京人的过年饭桌至少两盘鱼，一盘"年年有余"的红烧鲢子鱼，另一盘就是香酥入味的苏式熏鱼了。

南京人对做熏鱼的用料很讲究，做熏鱼必须得是青鱼，而且至少是十斤以上的"螺蛳青"。"螺丝青"食性比较单纯，喜欢吃螺蛳、贝壳类等食物，是肉食性鱼类，因此青鱼也是"四大家鱼"中最好吃的，肉质特别鲜嫩，大的青鱼可以长得和成年人一样长。十多斤的青鱼肉质比较紧密，做熏鱼是可以的了。再小的青鱼肉太嫩，就不能做熏鱼了。菜场里那些以草鱼冒充青鱼叫什么"草青"的，是入不得南京人的法眼的。草鱼和青鱼长得比较像，但草鱼是吃素和其他鱼的排泄物的，肉质粗柴，土腥味也重，不如青鱼肉品质高。另外，草鱼吃素，肚子大，肠子也多，又打秤，很不划算。

奶奶在菜场买了一条二十斤左右的青混子（南京人把青鱼称作"青混子"），让人把鱼头和鱼尾剁下，回去烧鱼头豆腐给家里人吃。中段按鱼的骨节片成了一厘米左右的鱼块，这是用来做熏鱼的。

奶奶用盐、生抽、老抽、料酒、生姜片和五香粉调出腌鱼的卤汁，将鱼块放进卤汁里腌透三个小时，其间还要不停地翻动，让鱼块入味。

奶奶再把鱼块一片片平放在竹匾里，放到阴凉处晾干。

奶奶将晾干的鱼块放入油锅里过油炸酥，半成品的熏鱼就好了。奶奶用一个大塘瓷缸把半成品熏鱼装好，放通风处，随吃随用。需要吃的时候，将鱼块入锅，用糖醋、料酒勾汁烩一下，收个卤，香酥美味的熏鱼就可以上桌了。

熏鱼面

阿㑊最爱的就是早起吃到一碗盖着一块橙红油亮的熏鱼的熏鱼面。按奶奶的说法，家里弄得干净实惠！

炸春卷

大年三十早晨，年夜饭的筹备工作正紧锣密鼓进行着。爷爷和爸爸将家里的杯碗盘碟拿出来洗干净，妈妈在家里打扫卫生，奶奶上街去看看还有哪些菜和年货缺的去补齐。而阿煍在整理自己的"军火"——烟花和爆竹，这可是未来几天最有趣的玩具啊！

炸春卷

快到中午，奶奶才回来，菜篮子里多了一包白白软软的面皮和一把嫩黄色的韭黄。奶奶是排了好长的队才买到这包春卷的面皮的，谁叫南京人有过年吃春卷的习俗呢！

春卷，古来又称春盘、春饼，是中国人过春节时吃的一种传统食品。南京的春卷十分有名，袁枚先生形容南京的春卷"薄如蝉翼，大若茶盘，柔润绝纶"，上至官员、下至百姓都十分喜欢，在江南一带特别盛行。

吃过中饭，眔妈开始准备包春卷的馅子，阿眔家包的春卷有两种：咸的是韭菜黄肉丝馅，甜的是豆沙馅。眔妈把肉丝与韭黄用调料拌好放在一个盆子里，豆沙馅装在另一个盆子。一切准备就绪，就和奶奶一起包春卷了。不一会，大盘子里的春卷就如小山一样堆了起来。

阿眔在旁边也弄了一张面皮玩，看着春卷，阿眔缠着奶奶就要吃。奶奶被缠不过，就打开油锅先炸了一盘春卷给大家尝鲜。看着一根根白色的春卷在油锅里炸至金黄，奶奶用筷子将熟了的春卷挟了起来。阿眔顾不得烫，用手拈起一个一边吹着气一边往嘴里塞，好烫啊！不过真的好香啊！

春卷是年夜饭后守夜时的点心，一家人一边看着春晚一边吃着春卷，其乐融融，香脆的春卷吃在嘴里，春天离我们还会远吗？

年夜饭

八个冷碟

油爆虾

干切牛肉

素什锦

皮蛋和香肠香肚拼盘

熏鱼

咸鸭

萝卜丝拌海蜇丝

干切鸭胗

四个炒菜

马蹄炒猪肝

白果炒鸡丁

炒肚片

炒虾仁

六个红烧菜

红烧豆腐皮包肉

荠菜烧蛋饺

元宝肘子（冰糖蹄髈）

红烧鲢子鱼

豆腐果烧肉或者千张结烧肉

红烧带鱼

汤

腌菜头排骨汤

银耳莲子红枣汤